U0076685

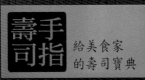

手指壽司

給美食家
的壽司寶典

現代的握壽司、江戶前壽司，已經成為代表日本的料理之一了。

握壽司的起始，一般認為是江戶時代後期出現在江戶、使用海鮮握出的壽司。當時的魚材是江戶前，也就是在江戶前方的海裡捕獲的海鮮。但現在的魚材，則廣從日本各地進貨，甚至來自世界各地。

本書會介紹現今的代表性握壽司，以及其魚材的時令和產地等。各種海鮮都有很多的產地，其中也會有著名的產地。主要產地，是以捕獲量和築地市場的進貨情況，以及產地資訊等為依據。但是，本書未介紹的產地，並不意味著品質不佳。一般而言，這概念就是「各地的魚獲都各有其鮮美之處，要取決其優劣極為困難」。

大都市的市場，像是全球最大的魚市場──築地市場裡，會有來自

日本各地的魚獲匯集。但是壽司魚材裡，卻也有些所謂的當地魚，是不會出貨到都市的市場，只能夠在產地品嘗到。此外，也有些可以在都市裡吃到，但如果有機會前往產地時，卻一定要品嘗的海鮮。

本書裡，也稱呼這類的魚為當地魚。即使是相同的魚，在產地吃來就是不一樣，味道美極了。

壽司美食當前，何妨偶而讓思緒流動到魚材或魚材的產地。每一個壽司裡，都握進去了日本的文化和歷史。

2008年8月吉日

坂本一男

3

烏賊、章魚

日本全國主要漁港與當地魚地圖

● 本書的使用方法

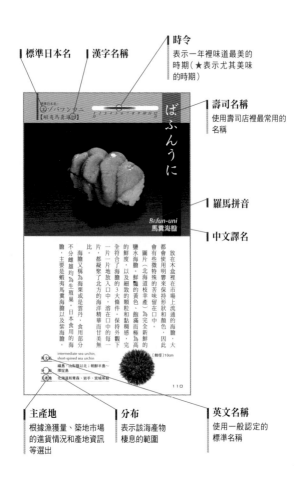

標準日本名

漢字名稱

時令
表示一年裡味道最美的時期（★表示尤其美味的時期）

壽司名稱
使用壽司店裡最常用的名稱

羅馬拼音

中文譯名

主產地
根據漁獲量、築地市場的進貨情況和產地資訊等選出

分布
表示該海產物棲息的範圍

英文名稱
使用一般認定的標準名稱

亮皮魚
Hikarimono

こはだ【小鰭】

Kohada
小肌

此魚和日本人的緣份既深且遠，甚至編於天平時代的西元733年的《出雲國風土記》書中，都出現了「近似呂」這魚名發音的字樣。

魚肉柔軟容易腐敗，因此不論是小肌或新子，都會趁新鮮時用醋和鹽醃漬起來。而這醋和鹽的多少，就是專家的手藝了。小肌的話要有年輕新鮮的感覺；而一個要用上3尾的新子，則必須要能吃出一年裡只有夏天才有的清新單純的感受。

產卵期從3月到8月，因此只要錯開產地，小肌四季都吃得到；新子則只有7月中旬到8月的短暫時期可以登上壽司魚材之列。

英文名	Konoshiro gizzard shad
分布	新潟縣、松島灣～南海北部
主產地	熊本、愛知縣、大阪府、佐賀縣、千葉縣等／新子為九州、愛知、千葉縣等

しんこ【新子】

Shinko
新子

不會成長的成長魚？

東京會按照此魚的成長階段改變名稱，但牠不算是成長魚（出世魚）。因為此魚的成魚名稱為「konoshiro」。據說名稱來自於，有個母親代替女兒烤此魚，以避開不喜歡的對象，因而有「子之代（同音）」之名；也有人說因為此魚漁獲頗豐，窮人拿魚來代替米飯而成為「飯之代（同音）」。無論何者都和成長無關，而且都不是什麼好事。

據說江戶時代的武士也常說不能吃了「這座城（同音）」，但卻很愛吃小肌和新子。真是江戶人的小小玩心。

所謂出世魚（しゅっせうお），是指魚苗到成魚不同成長階段，各有不同名稱的魚命名。以本頁為例：
〔幼魚→成魚〕
新子→小肌→鰶

〔全長〕25cm

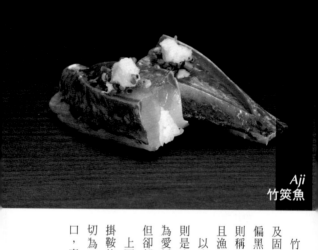

Aji
竹筴魚

竹筴魚分為會在外海迴游的魚群，以及固定在內灣或淺水處活動魚群。體色偏黑的迴游型稱為黑鯵；偏黃的內灣型則稱為黃鯵。黃鯵比黑鯵的油脂多，而且漁獲量少很多，因此向來價昂。

以高級地產品聞名日本的關竹筴魚，則是大分縣佐賀關捕獲的；岬竹筴魚則為愛媛縣佐田岬產。名稱雖各不相同，但卻都是在豐予海峽捕獲的竹筴魚。

上圖是將兵庫縣淡路島產的黃鯵，以掛鞍的方式捏成的壽司，魚體較大因而切為二塊。油脂豐厚的這亮晶晶的切口，真令人垂涎三尺。

英文名 Japanese horse mackerel, Japanese jack mackerel

分 布 日本、朝鮮半島、東海南海

主產地 長崎、島根、鳥取、愛媛、福岡、山口、鹿兒島縣等

〔全長〕40cm

16

あじ（酢〆）

Aji (Sujime)
竹筴魚（醋漬）

刀漂亮地切開以醋醃過的魚身（圖為大分縣產）。醋的香氣與淡淡甘甜綿延許久

関あじ

Seki-aji
關竹筴魚

厚厚切開粉紅色半透明的奢侈感，加上大大一塊。不負品牌盛名的華麗壽司

〆さば

Shimesaba
醋漬鯖魚

肉質為赤身（但其實是漂亮的粉紅色）且柔軟，油脂豐富。直接用生的也可以，但醋漬過後更添甜味，口感也會更好些。醋漬方式各店互異，有幾近全生、中間生、漬透等，喜好也因人而異。圖中的醋漬鯖魚（神奈川縣松輪產）漬的程度很淺，好讓客人能吃到著名產地的好味道。

日本人常說「秋鯖魚」「寒鯖魚」等，就表示了秋冬之際最為肥美。著名產地的鯖魚為數頗多，像是大分縣佐賀關的關鯖魚、愛媛縣佐田岬的岬鯖魚、神奈川縣松輪的松輪鯖魚等。

英文名	chub mackerel
分　布	日本近海、全球的亞熱帶和熱帶海域
主產地	長崎、靜岡、茨城、三重、島根、千葉等縣

〔全長〕50cm

いわし

Iwashi
沙丁魚

體側面有 7 個黑點前後排成一列，因而又稱為「七星」。非常容易腐敗的魚種，要保持鮮度極為困難。

梅雨季時的新鮮沙丁魚，不但品質好而且油脂豐富，真有入口即化的口感。油脂很濃，但既不膩人也不會粘粘的，是滑順地滑入喉嚨的感覺。一般認為千葉縣銚子等產的中羽（中尾）和大羽品質最好，圖中的沙丁魚，為使用半隻銚子產的中羽握出來的壽司。還留有皮紋的魚肉上一刀而下，乾淨漂亮地搭配上細蔥和薑末，喜歡藍背魚的人可是絕對不會錯過的。

〔體長〕20cm 以上

英文名	Japanese pilchard
分　布	日本近海為中心的西北太平洋
主產地	茨城、千葉、靜岡、青森、三重、福島等縣

19

標準日本名：
サンマ
【秋刀魚】

1	2	3	4	5	6	7	8	9	10	11	12
月											月

さんま

Sanma
秋刀魚

背色黑腹色銀白的典型藍背魚。細長的身形像刀一般，而且秋季漁獲量大，因而命為此名。代表著季節的味道，深獲江戶的大官，以及眾多平民百姓的喜愛。秋刀魚在春夏之交時，由黑潮海域北上游向親潮海域，8月中旬開始南下，9月～10月時，富含油脂的回頭秋刀魚便可在三陸外海捕獲。

圖為7月時捕獲的小型秋刀魚，只需在醋中稍浸片刻，就能得到最佳的魚肉口感，清爽的香味和清淡的油脂，極為水嫩可口。

英文名	Pacific saury
分布	日本各地到美國西岸之間的北太平洋
主產地	北海道、宮城、福島、岩手、千葉、富山、青森、茨城等縣

〔全長〕40cm

さより

Sayori
水針魚

長長地突出在外的下巴，帶有著些微的紅色；就像日本稱之為細魚或針魚的長長銀白色魚體，美的像是飾品師傅精心打造的髮簪一般。時令通常在漁獲量高又是產卵期的春季，但也有些地方以隆冬時吃到的口感最好。產卵前的大型魚，是最上等的佳品。

口感極好的淡泊魚肉，一眼望去便是清澄而美麗冷豔。但亮皮魚油脂特有的優質和豐富依然存在。為了顯示出淡泊和深奧的雙重味道，此壽司不沾醬油，而是灑上少許鹽和橘醋汁享用。

〔全長〕40cm

英文名	Japanese halfbeak, Japanese needlefish
分 布	北海道南部～朝鮮半島、黃海
主產地	九州、伊勢、三河灣、瀨戶內海、富山灣等

坂本老師的「魚雜學」

緣側

有緣份的話或許能吃得到

點用比目魚或鰈魚的握壽司時，運氣好時就能吃到「緣側」。緣側由於富含膠原蛋白，具有脆脆的獨特口感；也由於油脂含量多於魚肉，一般認為緣側是最美味的部位。

名為「比目魚緣側」或單稱「緣側」的部位，指的是移動背鰭和尾鰭筋的肌肉，由把筋豎立、放倒，以及向左右傾斜等3種肌肉構成。鰈魚之類經常運動背鰭、尾鰭的魚類，這一連串的肌肉就極為發達。但是，看看壽司魚材時，可以發現這3種並沒有到齊，而是只吃得到運動左右傾斜的部位。

白肉魚等
Shiromi

1 2 3 4 5 6 7 8 9 10 11 12
月

まだい

Madai
真鯛

從史前時代就一直被人們食用至今，甚至日本最古老的歷史書《古事記》裡都看得到鯛一詞；是日本人自古以來每逢喜慶必備的魚種而尊崇至今。在日本，魚的代名詞就是「鯛」。

鮮豔的淡紅色外皮加上散在全身的藍色斑點，成魚最大體長可達1公尺，重量可達14公斤，有著美麗而堂皇的巨大身軀。肉質緊實又沒有怪味的白肉，不論做成生魚片，或是烤物、煮物、清湯、清蒸、醋物等都極為適合。真鯛不愧為魚中之魚，魚族之王的美譽。

但近年來的主流卻是養殖的真鯛。那最高級象徵的「明石鯛」等各種野生鯛魚，都已大量減少。

英文名	red seabream, red seabream snapper
分　布	日本、朝鮮半島～南海
主產地	愛媛、長崎、福岡、山口、兵庫、熊本、大分等縣

かすご
【春子】（酢〆）

Kasugo (Sujime)
春子（醋漬）

不論成魚幼魚，真鯛就是真鯛

圖中的二個壽司，使用的是關東以北公認最高級的神奈川縣佐島產真鯛。春子原來是白鱲的幼魚名稱，但近年也同樣用春子來稱呼真鯛和赤鯮的幼魚。

右頁的真鯛，極美的白和粉紅色魚肉為松皮製法。灑上少許鹽和橘柚汁，便可同時享用到甜味和皮與肉之間的豐富油脂。春子則是留下了柔軟的皮，並在魚肉上切口後醃漬10分鐘左右而成，有著早春的味道與香氣。

〔全長〕1m

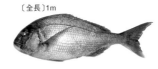

25

Kisu (Kobujime)
青沙鮻（昆布漬）

透明麥芽糖色的細長魚體、圓圓的眼睛、可愛的櫻桃小嘴…。就像外觀給人的感覺，魚肉味淡泊而沒有任何異味，可以做成天婦羅、酥炸、生魚片等各種料理，受到男女老少的喜愛。

東京灣內的淺水域搭起腳架，一大早就站在架上悠閒地垂釣小鱗沙鮻的釣客身影，是江戶末期到明治年代的江戶灣（東京灣）的初夏風物誌。之所以要使用高腳架，據說是小鱗沙鮻對聲音非常敏感而膽小，甚至一點海浪聲都能立刻逃跑的緣故。東京灣的小鱗沙鮻幾乎已經絕滅，但青沙鮻現在仍有在沙灘用甩竿釣或是乘小船出海釣等，以好釣聞名且受歡迎。

英文名	Japanese sillago
分　布	北海道南部～台灣、菲律賓
主產地	瀨戶內海、九州、神奈川、靜岡、愛知等縣

きす（酢〆）

Kisu (Sujime)
青沙鮻（醋漬）

高雅而純粹的江戶前美形魚

古典的江戶前壽司魚材之一。一般不生食，而是先以昆布或醋漬後食用。

圖（東京灣產）均以半隻魚握成，為了增加口感而在魚身上切口。昆布漬裡淡淡鹹味中透出的魚肉甜味極為高雅；醋漬則是鬆脆口感的純粹美味令人讚賞。

〔全長〕35cm

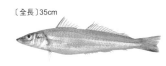

27

すずき

1 2 3 4 5 6 7 8 9 10 11 12 月

Suzuki
七星鱸魚

自古為人們食用的魚種，《古事記》裡就曾出現過尾翼鱸這名稱，是日本人極熟悉的魚種。還留有極淡皮紋握出來的形狀（圖為常磐產），便是古名的「筋雪」，純白透明而美麗。

魚肉緊實而有彈力，卻能保持柔軟；帶有高雅的甘甜，而完全沒有怪味和腥味。此魚營養豐富，最適合盛夏時的滋補身體，因而榮登德川將軍家的食譜之列。

此魚為江戶前且象徵吉利的成長魚（出世魚），是經常以活魚流通的盛夏節令的魚。不像鰻魚般地暑熱，夏天就以鱸魚的涼感來度過吧。

英文名	Japanese seaperch, Japanese seabass
分布	北海道南部以南的日本各地沿岸、朝鮮半島南部
主產地	千葉、兵庫、神奈川、愛知、愛媛、福岡等縣和大阪府等各地

〔全長〕1m

あ
い
な
め

1 2 3 4 5 6 7 8 9 10 11 12
月　　　　　　　　　　　　月

Ainame
大瀧六線魚

光澤而澄透的魚肉，令人連想到年輕美貌女性的肌膚，日本漢字的鮎魚女恰如其分。口感爽脆，一口咬下會有彈起的感覺。比外觀感受到的油脂更多，還有著溫潤而柔軟的口感，清淡的甘甜會留在口中。要吃原味的話，以灑少許鹽或酸桔醋比較對味。

地方名中的「油女」「油子」等名稱，可以想見此魚的油脂在白肉魚當中屬於偏多的，因此鮮度的衰敗也快，能吃到握壽司算難能可貴了。

關東的時令在春天，也有時令在春～夏；冬～春的區域。

〔全長〕60cm

英文名	fat greenlig
分　布	日本各地、朝鮮半島南部、黃海
主產地	福岡、千葉、茨城、神奈川、青森等縣，以及北海道、三陸等地

Hohboh
棘角魚

圓筒形的身體肥而大，額頭向外突出的大大頭，胸前甚至有6支細細的「腳」，實在不能稱得上美觀。但就像俗話說：「外貌醜的魚美味」，味道上是無可挑剔的。通透的淺粉紅色與純白的魚肉，切下來後捲起放置1～2天後，便是最可口的時候。口感與看到的外觀不成比例地紮實，白肉魚特有不帶異味的甜味，一下子擴散在口中。

看來像腳的東西稱為遊離軟條，是由肥厚的胸鰭遊離出來的。運用6支軟條找尋食物的模樣，就像在海底散步般地可愛。

英文名	red gurnard, spiny red gurnard
分 布	北海道南部～黃海渤海～南海
主產地	九州和愛知、千葉、靜岡、島根、山口、和歌山縣等各地

〔全長〕40cm

まごち

1 2 3 4 5 6 7 8 9 10 11 12
月　　　　　　　　　　月

Magochi
牛尾魚

夏天的代表性高級白肉魚。幾近清澈透明的魚肉，幾乎沒有顏色，光是看著都有汗要止息的清涼感出現（圖為常磐產）。口感清脆紮實，清爽的甘甜味道，絕對是夏季良伴。以酸桔醋食用，更添清爽感受。

牛尾魚以自動轉性聞名，全長不到35公分時為雄魚，到了全長40公分時則全部轉性為雌魚。

江戶前天婦羅魚材，或是釣青沙鮻時會經常上鉤的類似魚，並不是牛尾魚科的大眼牛尾魚，而主要指的是彎棘魚等的鼠銜科魚類。

〔全長〕1m

英文名	bartail flathead
分　布	南日本
主産地	九州以及伊勢、三河灣、瀨戶內海、東京灣等

おこぜ

Okoze
鬼虎魚

有句話說：「美麗的玫瑰都帶刺」，但鬼虎魚不但和美麗扯不上關係，甚至一臉的惡相搭配滿身的刺，背上的刺還含有劇毒。但只要吃上一口，這種高層次防衛機制的秘密立刻得到了破解。原來這麼奇怪的外觀，是為了保護無與倫比的美味魚肉。

就像穿著十二單和服拖長的裙尾般，半透明的美麗魚肉，柔軟的魚肉輕輕地碰上牙齒，輕柔的甘甜味和些微的海潮味立刻擴散口中。

要同時享用到美麗的握壽司模樣以及魚肉的纖細，則酸桔醋比醬油對味。

〔全長〕25cm

英文名	devil stinger
分布	本州中部以南、朝鮮半島南部～南海北部
主產地	九州、瀨戶內海等南日本各地

のどぐろ

Nodoguro
赤鯥

美麗的朱紅色魚體、淡紅色的清淡魚肉，甚至有些地方用來作為真鯛代用品的高級魚。這幾年來人氣急升，和喜知次魚、金眼鯛等齊名。因為喉嚨深處是黑色的，因而又有黑喉的俗名。但是，像是相模灣稱外海捕獲的竹筴魚為黑喉等，日本各地有很多魚種被當地稱為黑喉，應注意。

圖為用火瞬間烤一下皮紋的燒霜製法。鬆軟的魚肉一下子溶入口中，甜美的油脂在整個嘴裡擴散開來。是喜愛味道勝於口感，尤其是白肉魚油脂特有、帶有深度甘甜的人，絕不能錯過的壽司。

〔體長〕40cm

英文名	blackthroat seaperch
分布	福島縣以南，以及新潟縣～鹿兒島縣、西太平洋、東印度洋
主產地	富山、新潟、石川縣等日本海各地，長崎、千葉縣等

Mutsu
牛尾鮏

和同科的黑鮏，無論體形、體色都很近似，通常這二種魚不加以區別，相較於赤鮏（33頁）都稱為「黑鮏」。棲息地因魚齡而改變，稚魚從沿岸到外海的表層；幼魚在沿岸的淺海；成魚則棲息在水深200～700公尺的礁岩海域。飽含油脂的冬季是時令的高級白肉魚之一。產卵前的卵巢「鮏魚子」，則是紅燒和湯料的珍貴高級食材。

留下些許皮紋握出的粉紅色魚肉（圖為千葉縣勝浦產），口感Q而彈牙，富含油脂味道清甜。但是和大多數白肉魚不同的是，餘味卻不算很好。

英文名	gnomefish
分　布	北海道～鳥島，東海
主產地	銚子、伊豆半島～伊豆群島、九州、高知縣、小笠原群島等

〔全長〕1m

かわはぎ

Kawahagi
剝皮魚

喜歡海釣的人大概都會知道，此魚是極富盛名的啄餌高手。櫻桃小嘴一點一點啄著餌（海瓜子等的蛤肉）技巧高超地剝走魚餌。可愛的臉，皮卻像鯊魚般粗而硬，食用之前必須將此皮剝除，因此有剝皮魚之名。

堅硬的皮下，藏著美味的白肉和魚肝，這也是眾多釣客所熟知。清澄的魚肉加上肝，再放上細蔥和胡蘿蔔泥，灑上酸桔醋（圖為千葉縣勝山產）。Q而彈牙的魚肉略含油脂，味道清淡卻能愈嚼愈甘甜。

〔全長〕25cm

英文名	threadsail filefish
分布	北海道～東海
主產地	九州和東京灣、相模灣、駿河灣、瀨戶內海等各地

標準日本名：
ブリ
【鰤】

1 2 3 4 5 6 7 8 9 10 11 12
月

ぶり

Buri
青魽

春天到初夏之間，為了覓食而沿著日本列島北上，秋冬之際則為了過冬和產卵再從外海南下，是典型的沿岸性迴游魚。躲在從沿岸漂出的漂流海草裡北上的青魽稚魚，則大量捕獲作為養殖的魚苗使用。

青魽的養殖於1928年始於香川縣，現在的產量遠超過野生青魽，是日本各種養殖魚裡產量最高的魚種。養殖使用的全部是野生的青魽稚魚。「油脂膩人」「有獨特的腥味」等的缺點，近年來已經獲得大幅度的改善。

英文名	Japanese amberjack, yellowtail
分布	北海道南部～九州、東海、朝鮮半島東岸、俄國遠東沿岸南部
主產地	島根、長崎、石川、千葉、山口、富山等縣及京都府等各地

〔全長〕1.2m

いなだ

Inada
小鰤魚

因為不斷地游動才有的野生美味

由於日本海會發生名為「青鮒風」的冬天第一波暴風浪，因此青鮒油脂豐厚，尤其以嚴寒期的又稱為「寒青鮒」（右頁圖。富山縣冰見產），極為高貴。

驚濤駭浪中鍛練出的真珠色魚肉，飽含著漂亮的油脂而味美，口感比外觀給人的感覺要好得多。

另一方面，小鰤魚（千葉縣勝山產）則是在夏日的大海中不停游動的夏日之子。淡淡甘甜的淡紅色魚肉，加上微微海潮的香氣，清爽的口感就是喜愛游泳的幼魚所特有。

〔全長〕小鰤魚40cm 左右、
　　　　亞成鰤60cm 左右

分　布	同青甘
主產地	同青甘

標準日本名：
カンパチ
【間八】

かんぱち

Kanpachi
紅魽

日文名稱的「間八」，是因為前額部背面，有條黑褐色「八」字型的斜帶而來。最大可以長到1.9公尺，重達80公斤，但味道最好的則在2～3公斤之譜。高級的青魽魚類裡被尊為最高等級，近年以九州和四國為中心有大規模養殖，再以活魚運輸船運送到東京。

圖為八丈島產，緊實的淡粉色魚肉，有著野生魚特有、甘甜而清爽的油脂分布全身。口感緊實不軟爛，殘留在口中的甘甜清爽而不膩人。表現出日本夏日感覺的味道和口感極為誘人。

英文名	greater amberjack
分　布	本州以南、全球的溫帶和熱帶海域（東太平洋除外）
主產地	九州、伊豆、小笠原群島、高知縣、和歌山縣等南日本各地

〔全長〕1.9m

ひらまさ

標準日本名：
ヒラマサ
【平政】

1 2 3 4 5 6 7 8 9 10 11 12
月　　　　　　　　　　　月

Hiramasa
平政魚

魚形和魚體都很類似青鰤，是棲息在礁岩區為主的迴游魚。魚群不像青鰤那麼大，也因此漁獲量少很多。一般認為比青鰤要高級且美味，2～4公斤大小的味道最好。愛媛縣、香川縣等地有養殖。平政的平字，是因為比起青鰤體形較扁平而得名。

圖為千葉縣產，皮紋較濃的粉紅色和淡色的層次感，真像是藝術作品般的美麗。放入口中，先出現的是淡淡的海味，魚肉清爽而甘甜，吃完後還有獨特的香氣留在口中，不論是握壽司的外觀，連味道都可稱為藝術品的夏季極品。

〔全長〕1.9m

英文名	yellowtail amberjack, giant yellowtail
分布	東北地方以南（琉球群島除外）；全球的溫帶、熱帶海域
主產地	九州全域、伊豆群島、小笠原群島；千葉、島根、山口、島取等縣

しまあじ

Shima-aji
甘仔魚

日文名稱來自於主要棲息在島嶼峽海域而來的嶋（島）鯵，或是因幼魚體側中央有寬幅黃色縱帶故稱縞（條紋）鯵。

成魚體重超過10公斤，但美味的是中、小型魚。公認是鯵科裡最美味的魚，也是夏季裡壽司魚材和生魚片的必備高級魚。四國和九州有養殖，而從紐西蘭等地則有冷藏魚進口。

還留有銀色皮紋帶有條狀的乳白色魚肉上，搭配薑末的握壽司，光看就感到爽快。沒有怪味的甘甜味道擴散口中，品嚐得到淡而高雅的油脂。外觀和味道都一樣清涼，是夏天最時令的握壽司。

英文名	white trevally
分 布	全球的暖海（東太平洋除外）；日本則為東北地方以南
主產地	九州；伊豆群島、小笠原群島；高知縣、千葉縣等各地

〔全長〕1m

40

きんめだい

1 2 3 4 5 6 7 8 9 10 11 12
月　　　　　　　　　　　月

Kinmedai
金眼鯛

據說金眼鯛的大眼睛，是為了生活在光線極少的200～800公尺處深海礁岩區的緣故。魚名則因網膜裡有光的反射層，大大的眼睛會發出金光而得名。伊豆稱之為「地金目」，下田港的漁獲量也大。油脂豐富的魚肉柔軟，加熱之後魚肉更加緊實，味道也更上層樓，紅燒或火鍋都不錯。

圖中這留有皮紋，有著透明淡紅色魚肉富含油脂的壽司魚材，是著名的主產地千葉縣勝浦所產。油脂雖多但卻很清爽，和壽司飯混合之下，有著美妙的甘甜味，可說是大眾化的味道。

〔全長〕60cm

英文名	alfonsino, splendid alfonsino
分　布	太平洋、印度洋、大西洋、地中海；日本則在釧路外海以南
主產地	稻取、下田、三崎、銚子、勝浦、八丈島，以及高知縣、和歌山縣等

Hata
石斑魚

可說是極淺粉紅，也可說是白色的半透明魚肉，整體有著膨鬆而溫暖的感覺（圖為常磐產）。魚肉完全沒有怪味和腥味，只要加上細蔥和胡蘿蔔泥，再滴上一滴酸桔醋，便能夠感受到淡淡的甘甜風味。口感極佳、Q彈爽口，吃起來的感覺好極了。

同一鮨科的魚裡，還有著名的大型白肉魚東洋鱸。只是西日本常將東洋鱸作為石斑類（石斑魚、九鱠＝大型的石斑魚）的稱呼，應注意。東洋鱸的時令在冬天，不要記錯了。

英文名	convict grouper, convict rockcod
分布	北海道南部～東海（琉球群島除外）
主產地	九州及和歌山縣、高知縣；伊豆群島、小笠原群島等各地

〔全長〕90cm

い
さ
き

★
1 2 3 4 5 6 7 8 9 10 11 12
月　　　　　　　　　　　月

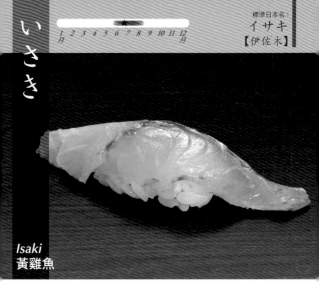

Isaki
黃雞魚

淺淺的粉紅色，加上淡淡皮紋的魚肉（圖為千葉縣產），在甘甜味裡還有著礁魚特有的淡淡生味，是十分具有初夏風味的外觀與味覺。尤其6月到7月間，油脂豐富的黃雞魚被稱為「梅雨黃雞」，更是極為珍貴。

肉質沒有怪味，是小孩到長者都能接受的大眾化口味，近年來四國和九州各縣均有養殖。

幼魚期時，由於是黃底上有3條暗褐色的縱帶很像小山豬，因此在日本又有小山豬之稱。

〔全長〕45cm

英文名	chicken grunt
分布	本州中部以南、八丈島～南海
主產地	長崎、山口、福岡、三重、高知等縣，以及伊豆群島等各地

43

標準日本名：
イシダイ
【石鯛】

1	2	3	4	5	6	7	8	9	10	11	12
月											月

い
し
だ
い

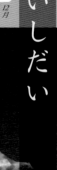

Ishidai
石鯛

拉力超強很難釣起，是磯釣客都很想釣起的夢幻魚。此魚同時也是高級食用魚，近年以西日本為主，多為養殖。幼魚身上有7條明顯的黑色橫帶，長大後就會消失，雄魚成熟後嘴巴周圍會成為黑色。日本稱此為黑口。

由於主要獵捕硬殼的藤壺類和海膽類食用，因此如同英文名稱般，下巴像是刀子一樣。

皮紋的粉紅和白色漸層式的美麗魚肉（千葉縣勝浦產），有著強韌的磯魚口感，但卻幾乎感受不到磯魚的腥味。嚼食中甘甜味道就會滲出來。

英文名	barred knifejaw
分　布	日本各地和韓國、台灣
主産地	伊豆群島、小笠原群島；三重、和歌山、島根、鳥取、長崎、鹿兒島等縣

〔全長〕80cm

44

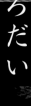

1	2	3	4	5	6	7	8	9	10	11	12
月											月

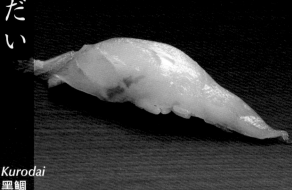

Kurodai
黒鯛

由於在各種鯛魚裡體色最黑，因而有此名。一些地方的名稱，則是來自《出雲國風土記》裡的「鎮仁」轉訛。是磯魚之王，和石鯛同為磯釣的目標魚。除了會捕食蝶螺等高價的食物之外，也會吃西瓜皮，是很有趣的現象。此魚也以會性轉換而聞名，在經過雌雄同體期之後分化為雌魚。

半透明的魚肉（千葉縣勝浦產）呈現出肥美的白色，又帶有些許的濕潤，十分軟嫩。油脂不多，鮮明的甘甜味和食用時海水香味十分明顯。喜歡磯魚特有味道的人，是絕對不會放過這壽司的。

〔全長〕60cm

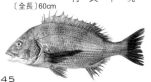

英文名	black porgy, black seabream
分布	北海道以南（琉球群島除外）、朝鮮半島南部、中國北部和中部、台灣
主產地	廣島、愛媛、兵庫、愛知、福岡縣

Mejina
瓜子鱲（黑毛）

和石鯛、黑鯛並列為代表性的磯魚。近畿地方到中國、四國地方有許多不同的地方名存在，是極受歡迎的磯釣目標魚。除此之外，時令的冬季以外的季節裡，雖然有些腥味，但肉質佳，近年來也是受到歡迎的食材。

腥味來自於膽囊，在礁岩區的魚較外海的魚油脂更為豐富。

透明近白色的淺粉紅色的魚肉（圖為千葉縣勝浦產），Q彈而口感極佳，富含油脂也十分甘甜。直衝鼻孔的新鮮海潮香味，正是吃新鮮磯魚才有的樂趣。

英文名	largescale blackfish
分　布	新潟縣、房總半島～鹿兒島縣、朝鮮半島南部、台灣、中國福建省、香港
主產地	相模灣、伊豆半島～伊豆群島、瀨戶內海、九州等日本各地

〔全長〕60cm

46

めばる

1 2 3 4 5 6 7 8 9 10 11 12
月   月

Mebaru
無備平鮋（眼張）

日本近海極為常見，也是鮮魚店和超市場常見的魚。可謂最標準日本魚的風味、肉質緊實的清淡魚肉，冬季到春季間最為肥美。脂肪含有率接近真鯛，也是受到日本人喜愛的另一原因。

白色與粉紅層層堆疊出的豔麗魚肉，口感紮實而油脂與甘甜適中，極為適口。只是，感覺不到有任何特色，應該也是成為「標準味道」的原因吧。

築地市場裡，一般稱黑色魚體的原有眼張魚為黑眼張；而紅色魚體的其他種薄眼張則為眼張魚。

〔全長〕25cm

英文名	darkbanded rockfish
分布	北海道南部～九州、朝鮮半島南部
主產地	瀨戶內海、日本海西部、伊勢灣等日本各地沿岸

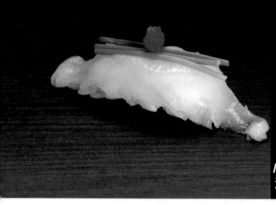

Fugu
河豚

虎河豚是日本國內可以食用的河豚科17種（另有正河豚、黑鰭河豚、潮際河豚、梨河豚等）魚裡，公認最美味的河豚。野生的話價格更是遠高於其他的魚種。

正因為是高價魚，自古就有人工養殖，現在主要在長崎縣有大量的養殖和放流。來自中國和韓國的活魚、冷藏、冷凍等形態的進口亦多。近年來中國養殖魚的進口量大增。

以獨特的「袋子競拍」聞名的山口縣下關市的南風泊市場，是日本最大的河豚交易市場。

英文名	Japanese pufferfish, tiger puffer
分　布	日本周邊、東海、黃海
主產地	福岡、長崎、愛媛、石川、山口、富山、香川等縣

48

しらこ【白子】

Shirako
河豚魚白

圖片的二個壽司，是有河豚調理師證照的壽司師傅，親自將由大產地大分縣臼杵捕獲的野生虎河豚處理後握製而成。

通透的魚肉點綴上胡蘿蔔泥的紅、細蔥的綠，味道雖然清淡，卻隱藏著豐富的甘甜美味。可以感受到不同於生魚片，像是人體肌膚的感覺。

川燙後微烤過的魚白，純淨的甘甜味好似濃郁的海中牛奶，瞬間溶化擴散在口中，過於美味豐富的感受，讓人瞬時無言。

〔全長〕75cm

49

ひらめ

Hirame
比目魚

和真鯛並列為最高等級的白肉魚。日文中有「寒比目」一詞，可見時令在秋冬之際，由於富含油脂而略帶有黃褐色。緊實的魚肉沒有腥味，適用於壽司和生魚片等所有的調理方式。富含油脂和膠原蛋白的緣側（參考22、53頁），在近幾年美食與健康風潮的推波助瀾，以及1尾魚只有少量可做成握壽司等因素下而大受歡迎。

比目魚在活魚經處理後，以棉布包起放在冰箱熟成一日在第二天使用。熟成的過程，會讓甘甜風味高漲，而且口感好到令人驚訝（3張圖均為青森縣產）。

〔全長〕1m

英文名	bastard halibut, olive flounder
分　布	千島群島～南海
主産地	北海道和青森、秋田、山形、千葉、福井等縣和常磐等地

ひらめ（昆布〆）

Hirame(Kobujime)
比目魚（昆布漬）

夾在昆布裡置放2～3小時（時間因店而異），便可緊實魚肉增加海味

えんがわ【縁側】

Hirame(Engawa)
（縁側）

可以享受到滲開來的油脂甘甜，以及極佳的口感和咬勁

Makogarei
黑頭鰈魚

鰈魚類約有40種棲息在日本周邊海域，且均可食用。其中尤以可以用在紅燒、酥炸、湯料等各種料理上，為日本人熟知的黑頭鰈魚，更是夏季的代表性白肉魚材之一。

白肉魚尤其重視「品嘗時機」，既不能熟成不足也不能過度，看準了能夠出現淡淡高雅甘甜的時間來握出壽司就是鐵則。

黑頭鰈魚（圖為茨城產），是肉質柔軟卻口感紮實，加上高雅甘甜的魚種。可說是看準了品嘗時機的師傅技術的精華。喜歡這黑頭鰈魚勝過比目魚的人比比皆是。

英文名	marbled flounder
分　布	大分縣～北海道南部；東海北部～渤海
主產地	瀨戶內海、大分縣、東京灣、常磐等各地

えんがわ【縁側】

Makogarei(Engawa)
縁側

有益美容的「縁側」

所謂的「縁側」，大致上是指拉動背鰭和臀鰭軟筋的肌肉（比目魚亦同）而言。由於富含硬蛋白質的膠原蛋白，肉質很硬。在這硬肉上適度下刀以轉變為適口的嚼感，便是師傅的技巧了。富含油脂卻十分清爽甘甜，最近非常受到歡迎。魚肉和縁側，都以鹽或酸桔醋最對味。

高級品牌的「城下鰈魚」，則指的是出產於日出町（大分縣）日出城跡下海岸的黑頭鰈魚。

〔全長〕45cm

1 2 3 4 5 6 7 8 9 10 11 12
月

ほしがれい

Hoshigarei
星鰈魚

鰈魚裡號稱「最美味」的魚種，築地市場裡交易的最高級魚，也是壽司店裡非常昂貴的魚材之一。處理後以棉布包覆放置1～2天後，便是品嚐的時機了。

富有彈性的透明魚肉（圖為常磐產），微軟卻嚼勁十足。高雅的甘甜味道溶在口中，十分清新淡雅。要吃出內斂卻有個性，令人印象深刻的味道，則以鹽或酸桔醋最為適合。

岩手縣、宮城縣、長崎縣等地，利用星鰈魚被放流後不大會移動的特性，進行養殖和種苗生產以及放流的工作。

英文名	spotted halibut
分　布	本州以南、彼得大帝灣～朝鮮半島、東海～渤海
主產地	常磐～銚子、三陸、長崎縣等

〔全長〕60cm

紅肉魚
Akami

本まぐろ　赤身

Hon-maguro/Akami
黑鮪魚赤身

赤身：前陣子追求腹肉的風潮已歇，最近喜歡吃赤身的人逐漸增多。豐腴而具透明感的赤身，有著高級黑鮪魚特有的一種酸味，口味極佳。

中腹肉：一半赤身一半腹肉。柔順而複雜的口感，吸引了最多饕客的喜愛。不需多嚼便化於口中，和壽司飯的搭配良好，高雅的甘甜味道輕輕地留在口中。

上腹肉：最頂級的A5牛里肌不過如此；粉紅色裡夾雜著純白脂肪絲的模樣，甚至有「蛇腹」之稱。輕輕握出不使碎掉的極品，一定要輕輕地夾起品嘗。

中とろ

Chutoro
中腹肉

大とろ

Ohtoro
上腹肉

かまとろ

Kamatoro
下巴肉

下巴肉：一尾鮪魚只有左右各一塊的部位，這就是一般說的「霜降」了。比上腹肉的脂肪細致，因此口感之柔順、甘甜與脂肪的均衡都是無可比擬的。

蔥花腹肉：大間產的黑鮪魚蔥花腹肉，怎一個奢侈了得。刮下中骨附近滿布油脂的餘肉握成軍艦卷，佐以絲蔥和芥茉。溶於口中的油脂美味和海苔的香氣，美味到難以形容。

醃漬：將生肉浸漬在醬油裡以延長保鮮的醃漬，是江戶時代後期出現的吃法。醃漬方法形形色色，圖中為淺漬。醬油裡的淡淡鹽味，讓赤身的甘甜和深度更上層樓。

ねぎとろ

Negitoro
蔥花腹肉

づけ

Zuke
醃漬

黑鮪魚、前腹部

在大海中以時速100公里高速迴游的鮪魚，是深海域食物鏈頂層的魚中之王。日本國內食用鮪魚的歷史悠久，據說幾千年前的繩文時代時就開始食用了。

如今，壽司店裡一般所謂的「鮪魚」，首先就是指黑鮪的意思。不論是超過500公斤的巨大魚身或是味道之美，都不負俗稱「本鮪魚」之名，真是鮪魚界之王。

以超高級地產品著稱的青森縣大間產的黑鮪魚，時令在大量進食累積油脂後的秋冬二季。青森縣三廄、北海道戶井、松前，以及長崎縣壹岐等都是著名產地。

英文名	Pacific bluefin tuna
分布	北太平洋的溫帶海域為中心
主產地	鳥取、高知、宮城、青森、三重等縣

鮪魚各部位的名稱

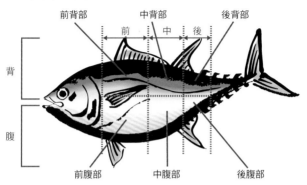

前背部　　中背部　　後背部

前　中　後

背

腹

前腹部　　中腹部　　後腹部

●「中落」指的是鮪魚處理之後，留在魚骨之間的赤身。

鮪魚可分為背部和腹部，頭和尾

鮪魚二分為背部和腹部，從頭到尾又各分為前、中、後等三個部位。譬如，腹部靠近頭部的部位為前腹部、正中央的背部則稱為中背部等。腹部由上腹和中腹占去了大部分，背部則以赤身為主。也就是說，一條鮪魚裡，前腹部為最高價，而後背部價格最低。

56～59頁裡列出的6種，全都是大間捕獲的時令黑鮪魚的極品前腹肉。雖然這些都不是輕易吃得到的魚材，但先看看圖片享受一下吧。

〔全長〕2.9m

61

<table>
<tr><td>標準日本名：</td><td></td></tr>
<tr><td>ミナミマグロ
【南鮪】</td><td>1月 2月 3月 4月 5月 6月 7月 8月 9月 10月 11月 12月
＊全年進貨</td></tr>
</table>

みなみまぐろ 赤身

Minami-maguro/Akami
南方黑鮪赤身

重約160公斤，是和黑鮪魚近似的大型種。此魚如其名，只分布在南半球，通常以不是黑鮪魚當令的夏秋之際進貨較多。野生魚以冷凍方式；在澳洲南部養殖的魚，則以冷藏或冷凍方式進口日本。

按照壽司師傅的說法，黑鮪和南鮪色澤上差異極微，握起來的感覺則有很大的差異；但這些對外行人都太過艱深了。

3張圖都是印度洋捕獲的野生鮪魚（冷凍）赤身沒有異味，淡淡柔順的味道，是可以連吃好幾個的壽司。

英文名	southern bluefin tuna
分布	南半球的溫帶海域
主產地	澳洲、紐西蘭、南非外海；印度洋的南緯30度～40度（漁場）

〔全長〕2.2m

水產總合研究センター 開發調查センター：提供

62

中とろ

Chutoro
中腹肉

1/3 是赤身，2/3 是腹肉。油脂相當膩人，有黏在舌頭上的感覺

大とろ

Ohtoro
上腹肉

飽含油脂的霜降。在口中飛散的油脂，比中腹要好些

初がつお

Hatsu-gatsuo
初鰹魚

春夏之際，從日本列島太平洋側北上的魚群稱為上行鰹魚；夏秋之際南下的魚群則稱為下行鰹魚（回頭鰹魚）。下行鰹魚油脂較豐。即使如此，還是以「春季為時令」的原因，正是顯示出了時令的文化層面——江戶人將之與嫩葉和杜鵑鳥並列為時令表徵，甚至將太太質押也要吃到。

而這初鰹魚，雖然油脂不多，但清澄的赤身，就像是富含活力而新鮮明亮，清爽的香氣又帶有年輕的感覺。而就是重視這「年輕感」，有不少壽司店是不肯販賣下行鰹魚的。

英文名	skipjack, skipjack tuna, bonito
分　布	全球的溫帶、熱帶海域
主產地	靜岡、三重、宮城、宮崎、高知等縣及東京都等

〔全長〕1m

坂本老師的「魚雜學」

江戶前

愈來愈廣闊的「江戶前」海洋

江戶前壽司，原意為使用江戶前，也就是江戶城前海域捕獲海鮮做成的壽司之意，但是這江戶前，當初到底指的是哪一帶呢？

文政2年（1819）的魚河岸批發商回答政府的書函裡有這麼一段陳述，所謂的「江戶前」，指的是「品川砂洲第一椿與深川砂洲松棒椿之間直線靠陸地側的海」（「中央區史」中央區役所、1958），這深川～品川是最狹窄的定義。此外，生於明治年代的某漁業人士則指出，代代祖先都稱「東至中川延長線上的淺灘，西為品川宿至台場直線北側的海域」為江戶前（「東京灣的歷史」高橋在久編、1993）。

最近則有許多人，認為凡是在東京灣內灣（富津岬到觀音崎）捕獲的海鮮，都是「江戶前」。

坂本老師的「魚雜學」

鯛魚的九個工具

只要有其中的一個就好了

　　魚在《古事記》之後便不斷出現在各種文書裡，到了江戶時代時則有許多魚的圖譜出版。有幾本圖譜裡，都畫有「鯛魚的九個工具」。這些都是將真鯛魚的骨頭和耳石等視為工具而出現的說法，各稱為三工具（圓鍬、鐮刀、扒子），以及鯛石、大龍、小龍、鯛中鯛、鍬形、竹馬、鳴門骨、鯛之福玉等。

　　其中，最有名的工具是鯛中鯛，之前還流行過一陣子。鯛中鯛是肩胛骨和鳥喙骨構成看來像魚的結構，像是魚眼般的肩胛骨孔，則是神經的通道。《水族寫真》（奧倉辰行著、1857）一書的「鯛名所之圖」裡，便有「自古以來」只要有這些工具，便可「衣食無缺」「福祿兼得」的記載。

烏賊・章魚
Ika・Tako

あかいか【赤烏賊】

Aka-ika
紅烏賊

赤魷的分布範圍極廣，棲息場所和季節的不同，體型上有很大的差異。因此，在產地和市場上有許多的名稱，像是夏～秋季群型體型細長，稱為「紅烏賊」，而冬～春季群型體型肥碩，則稱為「白烏賊」。但話說回來，同一種烏賊，一邊稱為紅（築地市場等），另一邊稱為白（山陰地方等），也未免差距太大了吧。

赤魷和同科的透抽很像，透明的身體細長而美，但比起透抽還是要稍微短肥一些。順道一提，赤魷曬乾後被稱為「五島魷魚」「一番魷魚」，是數一數二的高級魷魚。

〔外套長（胴長）〕雄50cm、雌40cm

英文名	swordtip squid
分　布	本州中部～東南亞、澳洲北部
主產地	長崎、佐賀、福岡等縣，以及伊豆群島～伊豆半島

しろいか
【白烏賊】

Shiro-ika
白烏賊

鹽更加突顯出味道的個性

紅烏賊（圖為式根島產）以及白烏賊（圖為山口縣產），肉的透明感都極佳。

只要順著纖維下刀，便可以將硬度變軟，而且可以增加甜味及美味。咬下的瞬間，會出現讓人感覺到是清澄湧泉般清冽口感的是紅烏賊，而有著溫潤的口感，以及高雅甘甜和獨特香氣的則是白烏賊。要品嘗二者的美味，以鹽為首選。

〔外套長（胴長）〕35cm 以上（雄）

英文名	swordtip squid
分 布	日本海西部～東海沿岸和近海
主產地	福岡、山口、島根等縣

すみいか【墨烏賊】

Sumi-ika
花枝

標準日本名の甲烏賊名稱は、是來自於體內有塊石灰質的扁平狀甲的緣故。一般常在壽司店等地看到或聽到的「墨烏賊」一詞，是通用的名稱；而這名稱則由墨汁量超多而來。

由於花枝是各種烏賊裡纖維最柔軟的，刷地一下便可咬斷，濕潤地散在口中。有些店將此花枝視為「烏賊類魚材之王」，我一點也不感到意外。由於柔軟易嚼，不必在魚肉上劃刀便可捏製（圖片為愛知縣伊良湖產），用橘柚汁灑上鹽巴，不沾醬油就入口，擴散口中的自然又甘甜的美味極為高雅。

英文名	golden cuttlefish
分　布	關東以西；東、南海
主產地	愛媛、大分、山口、廣島、福岡、長崎、兵庫、香川、和歌山等縣

新いか【新烏賊】

Shin-ika
小花枝

招徠秋天的可愛壽司魚材

夏季到秋季間捕獲的小隻墨魚賊稱為「小花枝」，頗具人氣。能做壽司大小的小花枝，約在8月下旬前後出現。圖片的小花枝捕獲時期較早，身體為小指前端，觸手則只有二個拇指甲的大小。魚肉和觸手都小到必須用二個（2隻）才能捏製一個。

像是精巧玩具般的觸手，嚼起來口感清脆，加上清爽的海洋鮮味，味道和模樣一樣可愛。體型小而薄，淡淡的甘甜讓人感到幼嫩。可說是雅致的味道。滑溜溜地滑進喉裡，剩下的就是清涼的感覺了。

〔外套長（胴長）〕16cm

日本水產資源保護協會：提供

あおりいか

Aori-ika
軟絲

不論是生食或作為壽司的魚材，在為數頗眾多的烏賊群裡可以說屬於帝王級。標準日本名的泥障烏賊，是因為幾乎包覆一圈的橢圓形魚鰭，像是泥障（包覆馬匹雙腹用來除泥的馬具）而得名。

純白而黏滑半透明的身體（圖片為千葉縣勝山產），看似柔軟卻屬於較為硬質的肉，縱橫都切下幾刀。即便如此，口感仍屬紮實，呈現出鮮明的甘甜感，海洋的香氣也清新動人。口感、味道、香氣的三位一體，真不愧是烏賊族群之王。

做成魷魚乾的「水魷魚」，則是不輸給「一番魷魚」的高級品。

英文名	bigfin reef squid
分布	北海道南部以南；印度洋、西太平洋的溫帶、熱帶沿岸到近海域
主產地	日本各地

〔外套長(胴長)〕35cm 以上

72

やりいか

1 2 3 4 5 6 7 8 9 10 11 12
月　　　　　　　　　　　月

Yari-ika
透抽

像日文名稱般，前端像槍尖般，呈現菱形的魚鰭，長胴、短而細的觸手。

在海中自在悠游的樣子，像是撕裂天空飛行的太空火箭，很酷。稍薄的魚肉甘甜，常用在生食或壽司的魚材上。抱卵的雌烏賊作為紅燒菜色滋味豐富也很美味。

外觀具光澤而清澈，這種美令人驚豔（圖片為千葉縣勝山產）。順著纖維切成細細的條狀，是為了讓口感適中容易入口，而且增加甘甜風味的方法。魚肉完全沒有雜味，清甜甘美的甜味就如同酷酷的外形一般，清爽而Q脆的味道極佳。

〔外套長（胴長）〕40cm 以上

日本水產資源保護協會：提供

英文名	spear squid
分布	北海道南部～東海、黃海
主產地	五島列島、常磐；青森、千葉、靜岡縣等各地

1 2 3 4 5 6 7 8 9 10 11 12
月　　　　　　　　　　月

するめいか

Surume-ika
魷魚

擁有略呈扁平的菱形魚鰭，以及圓筒狀而堅實的身體，極富烏賊的感覺。是日本最具知名度，也最多被食用的烏賊。最適合下酒的魷魚，相對於赤魷做出的「一番魷魚」，被稱為「二番魷魚」。

由於身體結實偏硬，因此切薄片並切出細條。但即使這麼切了，口感仍是偏硬，淡淡的甘甜裡，有著些許的海水臭（但這海水臭卻和上面的薑末極為對味）。作為壽司魚材，吃的是新鮮而清新的口感，而不是吃味道。

〔外套長（胴長）〕25cm 以上

英文名	Japanese flying squid
分布	日本海、東海～黃海、太平洋西北部、鄂霍次克海
主產地	北海道和青森、石川、長崎、宮城、岩手等縣

74

ほたるいか

Hotaru-ika
螢烏賊

用海苔卷起輕輕過一下滾水的螢烏賊（圖片為富山縣產）2隻，放上些許薑末。不論是光澤或是透明感，或是入口時那股特殊的生腥味，都新鮮到不像是已經燙過的感覺。魚肉柔軟，甘甜中隱藏著些許苦味的內臟，和香氣濃郁的海苔最是對味。

到了產卵期的雌性螢烏賊，會大舉集中在淺海，其中尤其以4月～5月左右，大群集結在富山灣最為著名。

一旦起了漁網，1隻體內有1000個發光器的無數隻螢烏賊，一起釋放出冷光，將初夏的富山灣夜裡，妝點得奇特而美麗。

〔外套長（胴長）〕7cm

滑川市商工水產課：提供

英文名	Japanese firefly squid
分 布	日本海、本州～四國太平洋岸
主產地	富山縣、兵庫縣等

Tako
章魚

圖片中是在強烈潮流裡鍛鍊成長的首席章魚品牌，兵庫縣明石產。切過幾刀的魚肉，不但無損於著名的豐富彈性，甚至讓嚼感更為出色，像是人類肌膚般溫暖的深處，還潛藏著淡淡的甘甜。在享受嚼感之後，不久便出現了或許是出自和壽司飯的相乘效果，一股微妙的甘甜和柔軟浸入口中裡。

一聽到「章魚」一詞，絕大部分的日本人會認知為真蛸（北海道情況有所不同＝77頁）。這真蛸的雌章魚，在產卵後到卵孵化之間的約4週期間，是只守著卵而什麼都不吃的，卵孵出來後就會餓死。

[體長] 1m

英文名	common octopus
分布	全球的溫暖海域（東太平洋除外）
主產地	瀨戶內海、九州，以及愛知、三重、石川、福井縣等日本各地

日本水產資源保護協會：提供

みずだこ

Mizudako
水章魚

雄性的水章魚體型可達3公尺，是全世界最大的章魚。但相較於那怪物般的體型，握壽司出來的樣子卻是清新可喜。

純白的魚肉柔軟，愈嚼甘甜味愈濃。幾乎可說整隻都是膠原蛋白，充滿了透明的膠質（圖片為北海道產）。有些壽司店是連皮一起剝掉，只用魚肉來捏製；但大量的膠質才是水章魚的價值所在。大家可以要求連皮捏製。魚肉比真蛸章魚鬆軟而水水的感覺，但因為膠質而「比較喜歡水章魚」的人為數眾多。但話說回來，漁貨量最大的北海道內，卻把水章魚稱為「真蛸章魚」，點用時應多注意。

〔體長〕3m（雄）

英文名	Pacific giant octopus
分布	日本～加州外海的亞寒帶水域
主產地	北海道、青森、宮城縣

日本水產資源保護協會：提供

77

坂本老師的「魚雜學」

魚的時令

「過了時令」還是有好魚

即使是相同種類的魚，味道上也會因為時期而異。一般而言，絕大部分的魚一年都會有一次味道最好的時期，就是所謂的時令。時令的日文「旬」字，是來自於中古朝廷舉行的旬儀（旬政）。一般而言，時令指的是產卵期之前。大部分的海產，在產卵期之前會大量地進食，因為積蓄了大量 glycogen（肝醣）和油脂，以及游離胺基酸等所以才會美味。但是實際上，魚的時令卻可能因為區域、時代、文化等而有所不同。鰹魚便是好例子，東京就不以飽含油脂的秋季（回頭鰹）為時令，而以春季（初鰹）為時令。初鰹當然也很美味，但這只能認定是江戶人尊崇剛出現物品的傳統而來的。

蝦・蟹
Ebi·Kani

Kuruma-ebi
斑節蝦

くるまえび

這紅白一節一節的模樣，讓人驚豔的美感很誘人吧。最近流行的活跳蝦（生食），是無法享受到這種華麗的。這是江戶前的技巧，將活蝦燙熟後用冰水冰鎮才有的顏色。除了顏色之外，連甘甜味和香氣，都比生的更濃郁而紮實。

斑節蝦和龍蝦，並列為日本人最熟悉的蝦種。體長5公分左右的是小蝦，10公分左右的是壽司最常用的大小。大部分店家都連蝦膏一起捏製，不喜歡蝦膏的人要求店家取下即可（圖片為有蝦膏的）。

英文名	Kuruma prawn
分布	北海道南部以南、東南亞～印度洋
主產地	愛媛、大分、愛知、福岡、熊本等縣

〔體長〕普通20cm

80

しろえび

Shiro-ebi
白蝦

標準日本名：
シラエビ
【白蝦】

| 月 | 1 | 2 | 3 | 4 | 5 | 6 | 7 | 8 | 9 | 10 | 11 | 12 | 月 |

在湛藍海域的深海處成長，當地人稱之為「棲息在藍甕裡的深海寶石」。通透的淡粉紅色蝦體，就像是英文名的glass，是個易脆而纖細的玻璃工藝一般。全世界只有富山灣一處的漁獲量，足以供應到市場流通。

剝掉殼後，是只有小指一半大小的小小蝦，因此要好幾隻一起放在軍艦卷上，上面再放上一小撮薑末。白色透明的蝦肉裡，有著微微的甘甜而清新宜人，簡直像是在品嘗季節一般。初夏的捕白蝦和捕螢烏賊，同為富山灣的著名風物誌。

〔全長〕8cm

英文名	Japanese glass shrimp
分布	富山、駿河灣、相模灣、遠州灘
主產地	富山灣

Ama-ebi
甜蝦

如同標準日本名的赤蝦一般，在清澄深紅的殼裡，包覆著絕對貨真價實、通稱為甜蝦（北大西洋北部產的北方長額蝦也以甜蝦之名進口）的甘甜蝦肉。棲息在北部的深海（一千公尺之內）裡，這麼小的身體壽命長達11年，真不愧是象徵長壽的蝦族成員之一。成長到2～4歲的雄蝦會和雌蝦交尾，之後便會全部性轉換為雌性。

甘甜風味擴散口中的蝦肉，一入口的瞬間，就像是要溶在口中的感覺（圖片為富山產）。有光澤的碧綠色蝦卵清脆爽口，集蝦肉和蝦卵於一身的美味，只有奢華可以形容。

英文名	northern shrimp, pink shrimp
分布	日本海、鄂霍次克海～加拿大西岸
主產地	北海道以及秋田、山形、新潟、富山、石川等縣

〔頭胸甲長（頭部的長度）〕
3.2cm（11歲）

しまえび【縞蝦】

Shima-ebi
縞蝦

標準日本名，是出自於此蝦頭部前端突出的角（額角），角的上下兩方都有許多刺，加上體色為紅色；體側有多條紅白色的條紋，故多稱為「縞（條紋）蝦」。在日本海沿岸，會和同科的甜蝦同時捕獲，但漁獲量少。滿3歲之前是雄體，之後性轉換為雌體，這也和同科的其他二種蝦極為類似。

小小一隻握來雅致的外觀（圖片為富山產），酒紅色的尾巴、透明的黃褐色卵極為可愛，感覺上像是點上了一盞溫暖的明燈般。食用時新鮮酥爽，微微的甘甜小家碧玉般的味道，更令人喜愛。

〔體長〕14cm

英文名	morotoge shrimp
分布	日本海、本州北部太平洋岸、北海道沿岸
主產地	日本海各地外海、北海道

標準日本名：
トヤマエビ
【富山蝦】

1	2	3	4	5	6	7	8	9	10	11	12
月											月

ぼたんえび【牡丹蝦】

Botan-ebi
牡丹蝦

標準日本名是因為在富山灣漁獲量多而得名。另一個主要產地是北海道，而壽司店則多稱之為「牡丹蝦」。另外有一種血緣近、標準日本名是「牡丹蝦」的蝦種，壽司也稱之為「牡丹蝦」，有些麻煩。此蝦和血緣近的北國赤蝦（甜蝦）相同，成長過程裡會發生雄體轉雌體的性轉換。

甜蝦通常一個壽司要用二隻，但大而肥的牡丹蝦只用一隻，配上滿滿美麗濃綠色的蝦卵。蝦肉具有彈性和量感，口感清脆彈牙，甘甜感也極為濃郁。味道相近，但此蝦的豐腴看來，則又像是甜蝦的姊姊般的感覺了。

英文名	coon stripe shrimp, humpback shrimp
分　布	福井縣以北、鄂霍次克海、白令海
主產地	北海道（噴火灣、留萌外海、後志外海等）、富山灣等

〔體長〕普通17cm

84

しゃこ

Shako
蝦蛄

就像英文名稱裡mantis＝螳螂一般，

不論是外觀形狀或是顏色都相當怪異，因此有不少人沒吃過卻很排斥。但是，外觀和味道上的落差之巨大，也是壽司魚材裡少見的。

連殼用鹽水燙過的淡紫色蝦肉（圖片為瀨戶內海產），在豐富的甘甜味裡夾雜著野性的味道，和蝦類不同的緊實肉質，入口之後的豐富味覺令人讚不絕口。抱著大量蝦蛄卵的蝦蛄，以及將用來捉獵物的雙螯肉取出後的「蝦蛄腳」，都是饕客愛吃的美味。

〔全長〕20cm

英文名	edible mantis shrimp, Japanese mantis shrimp
分　布	日本～韓國～中國～越南
主產地	瀨戶內海、有明海、伊勢、三河灣、東京灣、石狩灣、陸奧灣

ずわいがに

Zuwaigani
松葉蟹

以來自產地的名稱，像是「越前蟹」（福井縣），或是「松葉蟹」（山陰地方）而聞名。包含標準日文名稱的「楚蟹」在內，指的都是大型雄蟹的名稱，只有雄蟹一半大小的雌蟹，則有另外的多種稱呼方式。

雌蟹之所以不會長大，據說是因在成熟後就不再脫皮的緣故。

圖片的松葉蟹（北海道產）當然是大型的雄蟹，在冬天的驚濤駭浪的鍛鍊下，緊實而肥美的肉質既有彈性又十分適口，在純白的纖維和纖維之間隱藏著甘甜美味，食過之後令人愉快的餘韻無窮。

〔甲幅〕普通雄15cm、雌8cm

英文名	queen crab, snow crab
分　布	日本海；銚子外海～北美西岸
主產地	兵庫、鳥取、福井、石川、島根、新潟等縣以及北海道

86

貝
Kai

あわび（活け）

Awabi(Ike)
鮑魚（生）

大部分貝類的時令都在冬季，而黑鮑卻是夏季的代表性美味之一。

生鮑的作法是只以流水沖洗而保持生的狀態，新鮮的狀態。由於鮑魚以黑菜和馬尾藻等褐藻類為主食，集海洋精華於一身，富含肝醣的魚肉，有著清冽的潮香，以及淡而深厚的甘甜。切上幾刀的鮑魚有著清脆的口感，咀嚼時渾然一體的感覺極為出色。清涼感和咀嚼時的口感，正是黑鮑最重要的部分。

有時候會吃到硬到掉牙的生鮑魚，而這硬度，是為了讓鮑魚更能維持鮮度，而用鹽揉出來的。

英文名	disk abalone
分　布	茨城縣以南、日本海全域、九州
主產地	長崎、千葉、山口、福岡、德島、三重、愛媛、島根等縣

88

あわび（蒸し）

Awabi(Mushi)
鮑魚（蒸）

勝於生食的味道

用日本酒和昆布高湯蒸2～3小時而成的蒸鮑（上）。厚厚切出來的肉上劃上幾刀，放上鮑魚肝後食用，要不要塗抹煮汁則看個人的喜好。因為蒸出來才有的甘甜肉質，擴散舌上的微苦魚肝，這二種味道同時出現在口中，就是島國日本的真實感受。

比黑鮑稍小型的蝦夷鮑（殼長14公分），是黑鮑的北方型鮑魚，時令在春季。將此鮑移到溫暖水域後，就會變為黑鮑的型，很有意思。

〔殼長〕20cm

1 2 3 4 5 6 7 8 9 10 11 12
1月 / 12月

まだかあわび（蒸し）

Madaka-awabi(Mushi)
真高鮑（蒸）

地方名裡，有個意思為「個頭大的貝」的房總方言「またげえ」。就像英文名稱 giant 的意思，在各種鮑魚裡，是日本最大、世界排名第二的大個頭，成貝可達 4 公斤。但是漁獲量少，流通在市場的量並不多。

由於加熱之後可以更加增添美味，因此上圖（神奈川縣城之島產）的鮑魚和 89 頁的蒸鮑魚相同，是整顆以酒和昆布汁蒸上 2～3 小時而成。加上鮑魚肝的鮑肉清脆爽口，味道突出卻簡潔而完全沒有雜味。像是海水洗過、清新舒爽的餘味也令人喜愛。

〔殼長〕25cm

英文名	giant abalone
分布	房總半島以南的太平洋岸、日本海西部沿岸～九州
主產地	千葉、靜岡、神奈川、三重縣等各地

めがいあわび（蒸し）

1月 2 3 4 5 6 7 8 9 10 11 12月

Megai-awabi(Mushi)
大鮑螺（蒸）

有些地方名把黑鮑魚等為「雄」，而把大鮑螺稱為「雌」。這是因為以前的人認為黑鮑魚為雄而大鮑螺為雌的緣故。想想看大鮑螺的殼扁平而圓，被認為是雌體也是可以想見的。其實二種不同種，也各有雌雄。

大鮑螺也比較適合蒸，可以用真高鮑的方式處理（圖片是長崎縣產）。像是包覆起牙齒般的鮑肉嚼感，高雅的甘甜味之後，有著淡淡的海水香氣。美味到讓人覺得鮑肝和煮汁一下子吞下去太可惜了；複雜而玄妙，這就是擄獲饕客的美味。

〔殼長〕20cm

英文名	Siebold's abalone
分布	銚子以南的太平洋沿岸和男鹿半島以南的日本海沿岸、九州
主產地	千葉、靜岡、三重縣等各地

★
| 1月 | 2 | 3 | 4 | 5 | 6 | 7 | 8 | 9 | 10 | 11 | 12月 |

あかがい（たま）

Akagai (Tama)
赤貝（肉）

貝類握壽司的最高峰，江戶前壽司的高級壽司魚材之一。冬季，尤其是即將進入春季，準備產卵的2～3月是最美味的時候。通常不使用醋漬的生肉來捏製，以保持海水感覺裡帶有微微血味的特有香氣。另一方面，也因為這種香氣，導致對於赤貝的「喜歡」「討厭」極為兩極化。

所謂的「赤貝」，指的是貝的足部；這部分又稱為「貝肉」，和外套膜的「貝裙」區別。對於「貝肉」或「貝裙」的好惡，這部分也很兩極化。不但外觀不同，味道上和嚼感上也完全不同，甚至讓人懷疑是否是相同的貝。也因為如此，最好的方法就是「貝肉」和「貝

英文名	Broughton's arc shell
分布	俄國遠東海域南部～東海、北海道南部～九州
主產地	陸奧灣、仙台灣、伊勢灣、三河灣、瀨戶內海、有明海、朝鮮半島周邊

92

あかがい（ひも）

Akagai (Himo)
赤貝（裙）

紅色的血特有的味道

棲息在內海或灣內的淺泥底部，不畏懼低氧的惡劣環境。為數眾多的產地裡，以閖上（宮城縣名取市的名取川河口一帶區域）產的被視為最高品質。以前在東京灣，也曾大量捕獲質佳的赤貝。

貝肉呈現紅色，是因為此貝的血液不是一般貝類的血青蛋白系血液，而是和哺乳類相同的血紅蛋白系的血液。赤貝特有的金屬味，便是這血紅蛋白系血液的緣故。

裙」一起吃。

〔殼高〕9cm

とりがい（活け）

Torigai(Ike)
鳥尾蛤（生）

左右的殼膨脹而整體外觀渾圓，從殼頂（殼的頂點）到腹緣，有約40條輻射狀的線相連，殼的顏色雖然不同，但形狀和赤貝則很相近。但是有異於赤貝的，是鳥尾蛤不能適應在低氧環境下生活，有時會有大量死亡的情況；相對地也會有大量出現的年份，因此進貨的價格很不穩定。

過去在東京灣曾大量捕獲優質的鳥尾蛤，據說大型的蛤，足（食用部分）的厚度甚至厚達1.5公分，以形味俱佳聞名。可惜現在灣內的淺灘都填海造陸，這些都已經是昔日往事了。

英文名	Japanese egg cockle
分 布	陸奧灣～九州、朝鮮半島、中國沿岸
主產地	東京灣、伊勢灣、三河灣、瀨戶內海、有明海、京都府、島根縣等

とりがい（蒸し）

Torigai(Mushi)
鳥尾蛤（蒸）

生食吃鮮，蒸食吃甜

現在進到築地市場的鳥尾蛤，以愛知縣產（二張圖片均是）品質最佳。尤其在4～5月蛤肉大而厚，甘甜味高而口感亦佳。

半透明的淡茶紫色又有清涼感的生蛤肉，從頭到尾有光澤且富有彈性；仔細咀嚼之下，美好的甘甜味和飽含的獨特鮮味，令人舒爽。

在鮮貝上灑上薄鹽後川燙而成的蒸鳥尾蛤，入口後，在牙齒上出現的輕柔彈性口感，以及到喉裡都感覺得到的高雅甘甜，令人驚豔。

〔殼長〕9cm、〔殼高〕9cm

あおやぎ【青柳】

Aoyagi
青柳

此貝被捕撈上岸後，殼不會緊閉，足部垮垮地露在殼外，由於這種關不起來的樣子，被稱呼為傻子貝。但是，古時就有港口貝這高雅的名稱在，因此現在這名稱，應該不是當事人（貝）的本意了。只是，在消費者心中，此貝倒沒有因為名稱而被小看了，反倒是很受歡迎的平民派壽司魚材。

備感親切的味道、口感

將前端像雞尾翅般立起來的可愛青柳（圖片為千葉縣產），捏製的是足部。有著清脆的口感和清爽的甘甜味，以及豐富的海水香氣。

英文名	Chinese surf clam
分　布	庫頁島、鄂霍次克海～九州、中國大陸沿岸
主產地	東京灣、伊勢灣、三河灣、瀨戶內海、有明海、北海道等

こばしら【小柱】

Kobashira
青柳干貝

捻製成軍艦卷的干貝（圖片為北海道產）。干貝在每個貝上有大小各一個，圖片的干貝使用的是大的那個干貝。緊實而有彈性的干貝口感清脆，完全不輸給青柳，甘甜味則清新爽口。

用作壽司魚材時比傻子貝更通用的青柳名稱，是來自於過去的著名產地，上總青柳村（現千葉縣市原市）。另有地方名稱「青柳」為貝肉；櫻貝為曬乾的貝肉，姬貝則為足部曬乾的名稱。

〔殼長〕8.5cm、〔殼高〕6.5cm

97

Nihama
燒蛤蜊

過去退潮時常可以挖到的江戶前（東京灣產）蛤蜊，現在幾乎是絕滅的狀態。目前流通的大多為朝鮮蛤蜊。其中以鹿島灘產（圖片）和九十九里濱產被稱為「鹿島蛤蜊」或「現流貨色」。量少價昂，市場價格可賣到一個500日圓。

燒蛤蜊和燒穴子魚，都是江戶前古典魚材「紅燒」的代表，把生肉川燙一下塗上煮汁。送進嘴裡一咬之下，肉質紮實而柔軟，又具有份量感，像是一道菜的感覺。一吃之下，便知道這就是江戶古來的速食了。

英文名	hard clam
分　布	鹿島灘以南、台灣、菲律賓
主產地	鹿島灘、九十九里濱、宮崎縣、遠州灘等

〔殼長〕10cm
〔殼高〕7cm

ほたて

1 2 3 4 5 6 7 8 9 10 11 12
月　　　　　　　　　　　月

Hotate
鮮干貝

大部分流通的干貝都是養殖的，因此有些店家以「沒有捏製的成就感」為由不推出此道壽司。但這其實沒什麼道理，因為肥厚，又飽含汁液的干貝，既是甘甜柔軟，而且沒有其他貝類常見的海水味道和口感，吸引了小孩子到老年人，甚至不愛生食的民眾喜愛。干貝的重量和肝醣的量，在春夏之交逐漸增加，到達頂峰的6～8月時最是美味。

圖片為捕獲量極少的北海道產的野生干貝。口感酥脆，高雅的甘甜緩慢地擴散口中，像是品嘗高級甜點般的愉悅享受。

〔殼高〕
4 年12cm（天然）
2 年11cm（養殖）

英文名	Yezo scallop
分布	富山、千葉縣以北；千島群島～朝鮮半島北部
主產地	北海道、青森縣

たいらがい【平貝】

Tairagai
平貝

殼的長度達30公分的三角形巨大二枚貝。在海中以細而尖的殼頂（殼的前端）朝下，像倒立般將一半的身體埋在沙裡。此貝是一個一個以人工潛水挖起的，據說一旦被挖了出來就無法再潛入沙裡了。

一般用來食用的部分是大大的干貝，具彈性的半透明貝肉新鮮水嫩，顏色則像是珍珠般具有光澤。和干貝比起來，甘甜感雖然略遜，但清脆的口感則遠超過干貝，而且還有很持久的海水香氣。

圖片為正宗的岡山縣瀨戶內海產，以前在東京灣也有很大的漁場。

〔殼高〕23cm

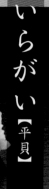

分 布	北海道南部以南、印度洋、西太平洋
主產地	有明海、瀨戶內海、伊勢灣、三河灣等

ほっきがい
【北寄貝】

Hokkigai
北寄貝

帶有淡淡的紅色、富有光澤的淺紫色漸層。在冰冷的北海（圖片為北海道長萬部產）出生長大的此貝肉色，足以令人連想到平安時代畫冊裡描繪的貴婦人，而不是日本名稱中的姥（老婦）。

入口滑溜的感覺，一口咬下有著良好的口感；甘甜而新鮮，海水的香味迷人。

不同的漁場的時令不同，一般而言總以肝醣增加的冬季為時令。壽命長達30年以上，「姥」這個日本名也由此而來。殼變黑的貝稱為「黑北寄」，貝肉的比例很高，是高價格的北寄貝。

〔殼長〕10cm
〔殼高〕8cm

分　布	鹿島灘～北海道、朝鮮半島北部～千島群島
主產地	北海道；福島、青森、茨城、宮城等縣

101

Hon-mirugai
象拔蚌

很奇特的日本名，是因為海松（一種海藻）附著在長而粗的水管（這部分為食用部分）上，當水管收進殼內時，就像是在吃海松一般，因而得名。潛藏在海底的厚泥中，漁夫潛水下去，以高壓水柱沖掉泥沙後捕獵。現在資源減少，作為替代品的日本潛泥蛤則大量出現在市場裡。

圖片為千葉縣富津產的象拔蚌，最大的特色是緊實的口感和深度的甘甜風味，滿口的海水風味也極為美味。但是，討厭這海水味的人為數不少，因此可說是好惡分明的壽司魚材了。

〔殻長〕14cm
〔殻高〕9cm

分　布	北海道～九州、朝鮮半島
主產地	瀬戸内海、東京灣、有明海、伊勢灣、三河灣

102

つぶがい

Tsubugai
風車峨螺

凹凸而堅硬的外殼，是粗大不平整的紡錘形。這種外觀的殼內，卻隱藏著極為纖細的螺肉，真可謂是海中灰姑娘的感覺了。函館或是札幌的街頭上，整顆烤或是將螺肉串起，以醬油燒烤的「烤螺」的味道，應該是刺激過不少人的鼻子才對。

嚼起來都覺得愉悅的螺肉有著微微的甜味，不久後淡淡的海水味道就穿鼻而出。整體感受上完全沒有低俗的感覺，真不愧日本名以「姬」命名的推崇。順便一提，稱為「～螺」的卷貝為數不少，用來烤螺的貝類種類也很多。

〔殼高〕10cm

英文名	arthritic neptune
分布	富山灣、東京灣以北；朝鮮半島、俄國遠東沿海
主產地	北海道、三陸、常磐

103

ばいがい【蜆貝】

Baigai
日本鳳螺

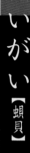

〔殼高〕12cm

英文名的意思是「有著明顯條紋的卷貝」，在為數眾多的「螺類」「蜆貝」裡，此螺正如其英文名稱，有著極深的裂痕，明顯地與他種貝類不同。順便一提，此螺的螺塔（螺旋狀卷起的殼頂端）也是又高又尖。

此螺棲息在水深200～500公尺的沙泥底裡，捕獲就會送去市場（全年都有），但以嚴寒的冬季為時令。

螺肉富有彈性，輕輕咬下時甚至會有彈回來的感覺。彈性雖然好，但口感卻也極佳。為了提升淡而沒有其他味道的螺肉味道，會以昆布汁先行燙過。

英文名	finely-striated buccinum
分 布	日本海中部的深海域
主產地	石川、富山、新潟、兵庫、秋田等縣

いわがき

Iwagaki
岩牡蠣

和牡蠣最大的不同，是流通在市面上的岩牡蠣大都是野生的。產卵期較一般牡蠣晚，約在7～10月，因此夏季也不會變瘦，3～7月的肝醣含量高，又以5月最高。也就是說，一般牡蠣時令之外的夏季是最美味的時節，故另有夏牡蠣之稱。

殼大，完全成長後重量可超過1公斤，但牡蠣相對要小很多。但即便如此，這大大一顆的感受還是很強烈的。肉質紮實、天然鹽味清爽可口，強烈新鮮的海水香氣在口中擴散。綿密而豐厚的味道，集日本夏季的海洋精髓於一身，真不愧海中牛奶的美名。

〔殼高〕
20cm 以上

分　布	陸奧灣～九州
主產地	本州的日本海沿岸、本州至九州的太平洋沿岸各地

105

Sazae
蠑螺

圖片內的壽司，是將產於靜岡縣伊豆的活蠑螺直接捏製而成的。各位也很清楚，外觀上實在不好看，而且口感上也只有一個「硬」字可以形容。但是，海水的味道並不像其外觀般地濃烈，而且吃完後不久出現的淡雅甘甜的餘味，更是令人喜愛。在海浪的侵襲下成長還可以有這麼高雅的味道，真令人感動。

話說回來，蠑螺還分為外殼有這些突起角狀物的，以及沒有突起的角，稱為「無角」或「丸腰」的品種。據說要看外在環境，若波濤洶湧就會長角，若是風平浪靜就不會長角，味道上並沒有什麼不同。

英文名	horned turban
分 布	北海道南部～九州、朝鮮半島
主產地	長崎、山口、三重、新潟、石川、愛媛、島根等縣

〔殼高〕12cm

魚卵等
Gyoran

かずのこ【数の子】

Kazunoko
鯡魚卵

日文的數之子就是鯡魚的卵，也就是鯡魚（或稱春告魚、青魚）的卵巢之意。過去在日本說到鯡魚立刻連想到的會是北海道；但是，現在北海道產的鯡魚幾乎全部用作鮮魚被消費掉了，製作鯡魚卵的原料，則使用的都是進口鯡魚。

圖片裡使用的鯡魚卵，是以北海道產鯡魚，而且是極珍貴的原卵（由腹中取出後只以鹽漬的卵）捏製而成的。小小的卵粒緊密紮實而具彈性，口感極佳。

＊此頁包含「時令」標示在內的所有資訊均為鯡魚的資訊。

英文名	[herring roe]Pacific herring
分布	犬吠埼以北、渤海～加州半島（北太平洋北部）
主產地	北海道

〔尾叉長（由魚體前端到尾鰭分叉凹部的長度）〕35cm

108

い
く
ら

Ikura
鮭魚卵

秋季時回到故鄉的鮭魚所抱的卵，離產期愈近卵粒愈大，卵膜也逐漸堅硬而不適合食用。作為鮭魚卵用的，主要是在沿岸定置網捕獲的鮭魚，卵膜還柔軟時的鮭魚卵。

圖片（北海道產）的鮭魚卵，顆粒大小適中而嚼感黏中帶有彈性，油脂和鹽的比例十分良好。極為新鮮的甘甜味，令人還想多吃一些。

過去，這種鮭魚卵使用的是成熟的卵巢卵，而另一種名為筋子的鮭魚卵，則使用未成熟的卵巢。現在則是從卵巢剝掉的稱為鮭魚卵；不剝除的稱為筋子。

＊此頁包含「時令」標示在內的所有資訊均為鮭魚的資訊。

〔尾叉長〕80cm

英文名	[salmon roe]chum salmon
分 布	利根川、山口縣以北、北太平洋北部
主產地	北海道以及岩手、宮城、青森、秋田、富山、新潟、福島等縣

109

ばふんうに

Bafun-uni
馬糞海膽

放在木盒裡在市場上流通的海膽，大都會使用明礬來保持形狀和顏色，因此會有些微特殊的苦味留在口中。

圖片（北海道枝幸產）為完全新鮮的鹽水海膽。鮮豔的黃色、飽滿而極為高的鮮度，以及細緻的顆粒和黏稠感，完全符合了海膽的3大條件。保持外觀下一片一片地放入口中，溶在口中的每一片，都凝聚了北方的海洋精華而甘美無比。

海膽又稱為海栗或是雲丹，食用部分不分雌雄均為生殖巢。日本食用的海膽，主要是蝦夷馬糞海膽以及紫海膽。

英文名	intermediate sea urchin, short-spined sea urchin
分布	福島、山形縣以北；朝鮮半島～擇捉島
主產地	北海道和青森、岩手、宮城等縣

〔殼徑〕10cm

110

標準日本名：キタムラサキウニ
【北紫海胆】

1	2	3	4	5	6	7	8	9	10	11	12
月											月

むらさきうに

Murasaki-uni
紫海膽

和前頁的蝦夷馬糞海膽同為冷水海域的海膽。比起在類似海域棲息的馬糞海膽，殼較大而刺也較長。

完全新鮮狀態的鹽水海膽（圖片為北海道產）和馬糞海膽相較之下，顏色略淺近淡褐色，顆粒（用作食用的單片生殖巢之意，1個海膽有5片）稍大，形狀完整紮實。

黏稠感和甘甜度或許略遜馬糞海膽，比起像是放煙火般一次亮麗釋放出美味的馬糞海膽，紫海膽就樸素多了。但是，海膽特有的複雜美味，卻會在吃的過程裡一次又一次地湧出。這種耐吃的感覺，怕是馬糞海膽也比不上的。

〔殼徑〕10cm

英文名	naked sea urchin, northern sea urchin
分布	北海道襟裳岬～相模灣；日本海則在庫頁島南部～朝鮮半島、北海道～對馬
主產地	北海道和青森、岩手、宮城等縣

111

あなご

1 2 3 4 5 6 7 8 9 10 11 12
月　　　　　　　　　　　月

Anago
穴子魚

是壽司師傅最在意的魚材之一。在煮穴子魚上塗上煮汁（上圖右），是一般性的作法，但也有不塗上煮汁而輕灑食鹽的作法（上圖左）。如果要吃到壽司的整體均衡感，建議選擇煮汁的；而要吃到穴子魚的甘甜，則以灑鹽為上選。

不過，只要是優質的穴子魚（圖片為長崎縣對馬產的精選貨），不論是哪一種作法，在放入口中的瞬間就會迅速地崩解溶化，鬆軟柔順的口感不分軒輊。穴子魚從梅雨季到盛夏時節最是肥美。地方名裡有一意為「秤目」，是因為魚體側線排成一列的孔像是秤桿而來。

英文名	common Japanese conger, whitespotted conger
分　布	日本各地～黃、渤海；東海
主產地	宮城、愛知、長崎等縣；瀨戶內海、東京灣、長磐外海等

〔體長〕1m

氷頭なます

Hizu-namasu
鮭魚軟骨

春季到初夏時節，在日本三陸外海到北海道的太平洋岸捕獲的鮭魚，稱為「時鮭」，也稱為「時不知」（稱為秋鮭或是秋味鮭的，是秋季時在沿岸捕獲的鮭魚）。由於會在該地過冬以備次年秋季產卵，因此此魚的特徵就是魚肉內飽含油脂而肥美。

圖片是將北海道產的時鮭冰頭（頭部的軟骨，透明而柔軟）以甜醋浸漬過後，再切碎後以海苔捲起（軍艦）而成。獨特的口感，極為美味，加上清爽的酸味裡的微微清甜，極為美味。但久放之後會有腥味出現，上菜後應儘快食用。

〔尾叉長〕80cm 以下

英文名	[salmon head]chum salmon
分 布	利根川、山口縣以北、北太平洋北部
主產地	（時鮭的產地）三陸到北海道的太平洋沿岸

しらうお

Shira-uo
銀魚

日本歌舞伎的著名對白裡，有著這銀魚和春天關連的詞句，可見這銀魚便是春季的代名詞；而且產地在隅田川河口周邊，是過往江戶前壽司的代表性魚材。銀魚生食是比較近期的事（圖片為宍道湖產）；但連松尾芭蕉都以「銀魚之白一寸」來讚美此魚之美。可愛而圓圓的黑色眼睛，魚肉有著淡淡的潮香而甘甜。不論外觀或是味道，這都屬於「握壽司的藝術」。

此魚常和以活跳魚的吃法聞名的白魚混淆，但銀魚是銀魚科而白魚則是蝦虎魚科的魚種。

〔體長〕10cm

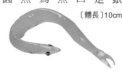

英文名	Japanese icefish, Shirauo icefish
分　布	日本；庫頁島～朝鮮半島
主產地	小川原湖、十三湖、霞之浦、宍道湖、八郎潟

114

時令月曆
"Shun" Calendar

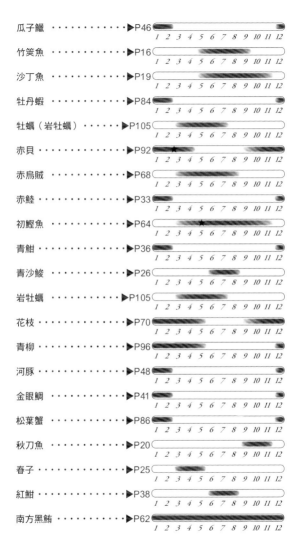

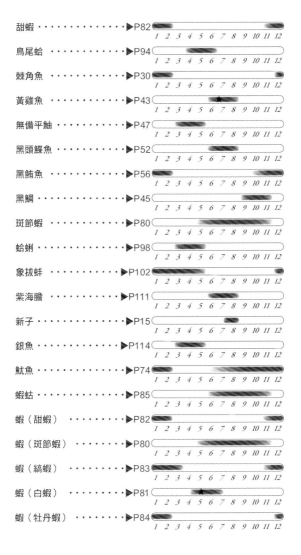

日本全國主要漁港與當地魚地圖

"Jizakana" Map

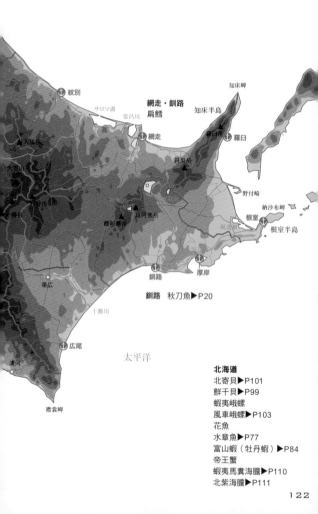

鄂霍次克海

🏛 紋別

サロマ湖

常呂川

網走・釧路
扁鱈

知床岬

知床半島

🏛 網走

羅臼岳 🏛 羅臼

斜里岳

野付崎

納沙布岬

🏛 根室

根室半島

雌阿寒岳 雄阿寒岳

🏛

風蓮湖

帶広

釧路

🏛 厚岸

十勝川

釧路 秋刀魚▶P20

🏛 広尾

浦河

太平洋

襟裳岬

北海道
北寄貝▶P101
鮮干貝▶P99
蝦夷峨螺
風車峨螺▶P103
花魚
水章魚▶P77
富山蝦（牡丹蝦）▶P84
帝王蟹
蝦夷馬糞海膽▶P110
北紫海膽▶P111

●北海道

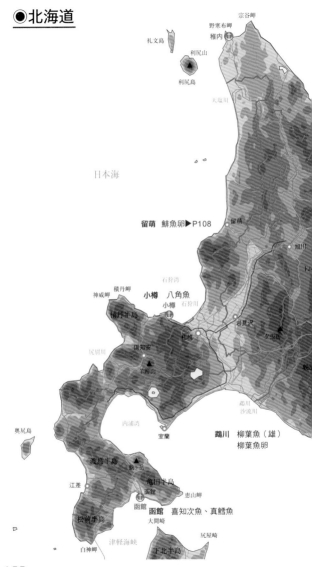

日本海

宗谷岬
野寒布岬
稚内

礼文島
利尻山
利尻島

天塩川

留萌　鯡魚卵▶P108
留萌

旭川

石狩湾

積丹岬
小樽　八角魚
神威岬
小樽
積丹半島
石狩川
岩見沢
夕張岳

尻別川
倶知安
札幌

羊蹄山

奥尻島

内浦湾

室蘭

鵡川　柳葉魚（雄）
　　　柳葉魚卵

鵡川
沙流川

渡島半島
駒ヶ岳

亀田半島
江差
函館
恵山岬

函館　喜知次魚、真鱈魚

松前半島
大間崎

津軽海峡
尻屋崎

白神岬
下北半島

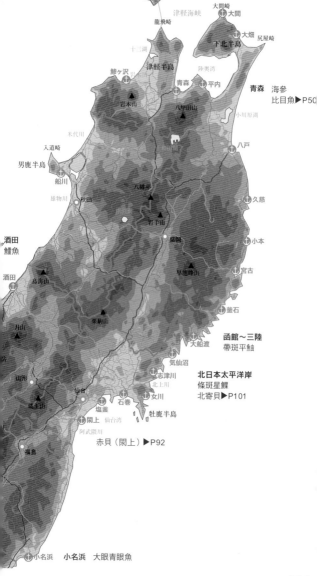

津軽海峡

大間崎
大間
龍飛崎
下北半島
尻屋崎
大畑
十三湖

鮫ヶ浜
津軽半島
陸奥湾

青森
平内
青森 海參
比目魚▶P50

岩木山
八甲田山
小川原湖

米代川

八戸

入道崎
男鹿半島
船川
八幡平
久慈

雄物川
秋田
岩手山
小本

酒田
鱸魚
盛岡
宮古

酒田
鳥海山
早池峰山
釜石

月山

函館〜三陸
帶斑平鰈

山形
栗駒山
大船渡

藏王山
氣仙沼
北日本太平洋岸
條斑星鰈
北寄貝▶P101

山形
仙台
志津川

北上川
女川

石巻

塩釜
牡鹿半島

閖上
仙台湾

阿武隈川

赤貝（閖上）▶P92

福島

小名浜　**小名浜**　大眼青眼魚

124

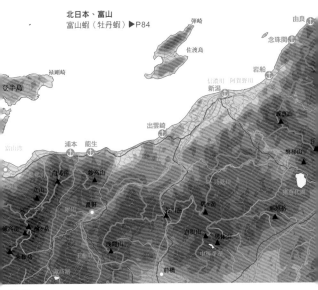

日本海

日本海
北國赤蝦（甜蝦）▶P82

北日本、富山
富山蝦（牡丹蝦）▶P84

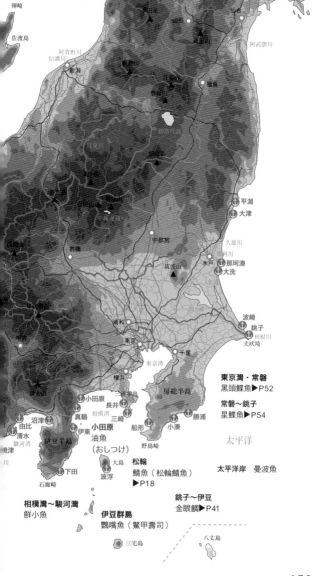

弾崎
佐渡島
阿賀野川
信濃川
新潟
飯豊山
朝日岳
山形
仙台
蔵王山
阿武隈川
磐梯山
猪苗代湖
福島
只見川
谷川岳
那須岳
白根山
中禅寺湖
男体山
宇都宮
筑波山
平潟
大津
久慈川
那珂川
那珂湊
水戸
大洗
浅間山
前橋
利根川
波崎
銚子
犬吠埼
浦和
東京
千葉
東京湾
横浜
三浦半島
房総半島
東京灣・常磐
黒頭鰈魚▶P52
富士山
小田原
葉井
相模湾
長井
三崎
船形
小湊
常磐～銚子
星鰈魚▶P54
沼津
真鶴
伊東
勝浦
由比
清水
伊豆半島
小田原
油魚
（おしつけ）
野島崎
駿河灣
富士川
下田
石廊崎
大島
波浮
松輪
鯖魚（松輪鯖魚）
▶P18
太平洋岸　曼波魚
太平洋
相模灣～駿河灣
鮮小魚
伊豆群島
鸚嘴魚（紫甲壽司）
銚子～伊豆
金眼鯛▶P41
三宅島
八丈島

●關東・東海・北陸

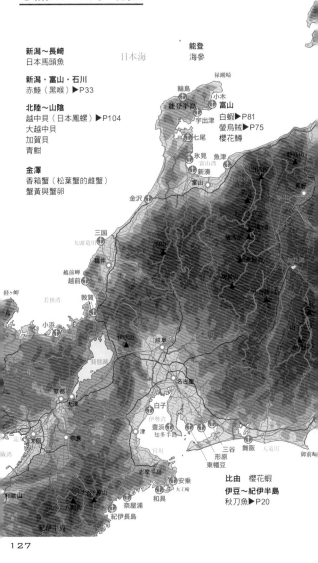

新潟～長崎
日本馬頭魚

新潟・富山・石川
赤鯥（黑喉）▶P33

北陸～山陰
越中貝（日本鳳螺）▶P104
大越中貝
加賀貝
青鮋

金澤
香箱蟹（松葉蟹的雌蟹）
蟹黃與蟹卵

能登
海參

日本海

禄剛崎

輪島
能登半島
宇出津
七尾

小木
富山
白蝦▶P81
螢烏賊▶P75
櫻花鱒

氷見
魚津
富山灣
新湊
富山

金沢

三国
九頭竜川

丸山

白山

福井
越前岬
越前

経ヶ岬
若狭湾
小浜
敦賀

伊吹山
岐阜

琵琶湖
京都
大津

名古屋

白子
伊勢湾
津
知多半島

三谷 舞阪
形原 大竜川
東幡豆 御前崎

比由　櫻花蝦
伊豆～紀伊半島
秋刀魚▶P20

大阪
淀川
奈良

志摩半島
安乗
大王崎
和具

和歌山
大台ヶ原山
八剣山
奈屋浦
紀伊長島
紀伊半島

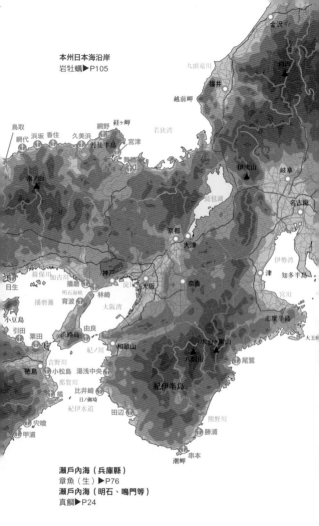

本州日本海沿岸
岩牡蠣▶P105

金沢
白川
九頭竜川
福井
越前岬
経ヶ岬
網野
久美浜
浜坂 香住 丹後半島
宮津
鳥取 代 若狭湾 伊吹山
網代 岐阜
氷ノ山
摂津川
名古屋
琵琶湖
京都
大津
伊勢湾
揖保川 加古川 神戸 津 知多半島
網干 播磨 淀川
日生 明石海峡 大阪 奈良 宮川
播磨灘 育波 林崎 志摩半島
大阪湾
小豆島 由良 大王
引田 淡路島 紀ノ川
粟田 紀伊半島 大台ヶ原山
徳島 小松島 湯浅中央 和歌山 八剣山 尾鷲
吉野川 那賀川 比井崎
橋 日ノ御埼
宍喰 田辺 熊野川
甲浦 紀伊水道 勝浦
潮岬 串本

瀬戸內海（兵庫縣）
章魚（生）▶P76
瀬戸內海（明石、鳴門等）
真鯛▶P24

太平洋

高知
柳葉穴子（穴子魚的幼魚）
小魚（沙丁魚等的仔稚魚）

128

●關西・中國・四國

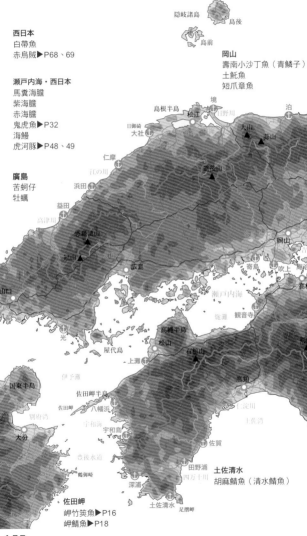

西日本
白帶魚
赤烏賊▶P68、69

瀬戸内海・西日本
馬糞海膽
紫海膽
赤海膽
鬼虎魚▶P32
海鰻
虎河豚▶P48、49

廣島
苦蚵仔
牡蠣

岡山
壽南小沙丁魚（青鱗子）
土魠魚
短爪章魚

佐田岬
岬竹筴魚▶P16
岬鯖魚▶P18

土佐清水
胡麻鯖魚（清水鯖魚）

隠岐諸島
島後
島前

島根半島　境
松江　日野川　大山　泊
日御碕　　　　　　蒜山
大社
仁摩　　　　　　　　　　　　岡山
江の川　　　　　三瓶山
浜田　　　　　　　　　　　　岡山
益田
高津川
恐羅漢山　　　　　　　寄島　吹上
冠山　　　　　　　　　　　　高松
広島　　　　　瀬戸内海
山口　　　　　　　　　　燧灘　観音寺
光　　　　　屋代島　高縄半島
伊予島　松山　石鎚山
上灘　　　　　高知
国東半島　佐田岬半島　土佐湾
別府湾　佐田岬　八幡浜　土佐湾
大分　宇和海　宇和島　佐賀
豊後水道　　　田野浦
鶴御崎　　　深浦　四万十川
土佐清水　足摺岬

129

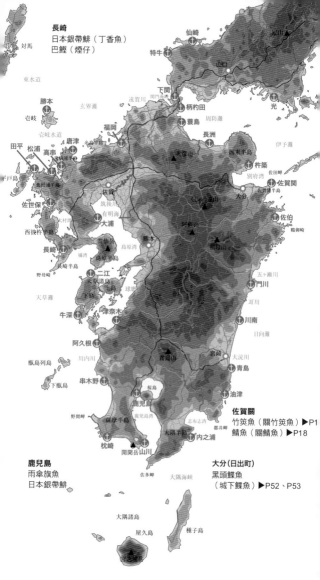

長崎
日本銀帶鰶（丁香魚）
巴鰹（煙仔）

鹿兒島
雨傘旗魚
日本銀帶鰶

佐賀關
竹筴魚（關竹筴魚）▶P1
鯖魚（關鯖魚）▶P18

大分（日出町）
黑頭鰈魚
（城下鰈魚）▶P52、P53

●九州・沖縄

沖縄諸島

沖縄島

久米島

那覇

糸満

慶良間列島

五島列島

福江島　福江

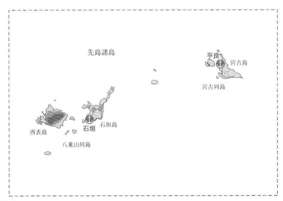

先島諸島

平良

宮古島

宮古列島

西表島

石垣

石垣島

八重山列島

131

壽司名稱索引

魚名（標準日本名）索引

吃壽司的小常識

■壽司該怎麼吃：點壽司的順序

在日本料理店要點用壽司，或在迴轉壽司店要拿壽司時，到底從哪一種點起或吃起呢？「隨心所欲」其實是不夠專業的。我們有專業的建議如下：

基本的吃順序，是從味道淡的開始吃，然後逐漸朝味道濃的吃過去。如果反過來吃，後面吃的味道比前面的淡，美味也就減半囉。但如果吃到一半想吃些味道淡的魚材時該怎麼辦？這種時候用些薑片或小肌魚、茶水等讓口中味道清爽即可。但記不住時，其實按照自己覺得美味的方向去吃也完全沒問題。

連續點相同的魚材也完全OK的。

有些人可能會覺得，「順序不對的話師傅可能會笑你」。壽司師傅絕對不會說這些事的，大家放心享用就對了。

■壽司該怎麼吃：醬油篇

沾醬油的方式也因人而異。一般的握壽司，在魚材上沾醬油不會讓醋飯鬆掉，應該是比較合理的沾法。而且沾在醋飯那面的話，飯裡容易吸入大量醬油，可能會過鹹，請注意。

有些魚材是可以不必沾醬油的，像是穴子魚原來就已經塗上了醬汁，不沾醬油味道也足夠。穴子魚之外，也有些魚材在捏製時就已經塗上醬油或是灑上鹽粒，這些都不必沾醬油。煎蛋也是調好味道的，如果不喜歡煎蛋的甜味，可以略沾醬油食用。外觀上難以沾醬油，像是鮭魚卵或海膽的軍艦卷該怎麼辦？

有很多方法，像是如果有小黃瓜時用小黃瓜沾醬油放回再吃，或是用薑片沾醬油搭配吃，或是用筷子沾著滴下來等等，但也可以直接沾醬油來食用。只是，如果把魚材朝下時會落下，因此可以沾在旁邊（小心醬油容易滴落），或沾在下方醋飯的部分。

■壽司該怎麼吃：怎麼送進嘴裡；用筷子吃？用手拿？

有些人會將魚材那邊沾上醬油後，魚材朝下送進

嘴裡。但也有人覺得醋飯那面朝下比較美味。常有人覺得，壽司通才會用手拿來吃。但其實這個部分的答案是，「都可以」。就看你的習慣，覺得用筷子夾好吃就用筷子夾，反之豪邁地用手拿也可以。

■壽司該怎麼吃：茶和薑片

在日本吃壽司時，不論是壽司店或迴轉壽司一定會提供茶和薑片。

茶裡面的澀成分稱為「兒茶素」，具有降低引發食物中毒細菌活性的功效，對於在腸內製作發癌物質的細菌，也有殺菌的功效。稱為「gari」的薑片，除了可以讓口中清爽，降低腥味之外，也有殺菌的效果。

茶和薑片，其實都不只是壽司附帶的東西。茶和薑片不但可以讓壽司更加美味，也是古人思考出用來殺菌的智慧。

●壽司店裡的規矩其一
不要使用店員間說的行話

壽司店裡有許多非一般性的說法，像是茶、醬油、薑片、數量和買單等，店裡都有自己的「行話」。這是店員之間溝通的專有方式，顧客不應該使用這些話語。外國人前往時大都沒有問題，但懂得些日語的人切記不要模仿店員的說法。

●壽司店裡的規矩其二
不要發出強烈香氣或味道

壽司的魚材裡，有些是要品嘗短暫的味道與香氣的。日本有人說：「當今的穴子魚裡，有著木芽的香氣」。因此，魚材的味道裡，是含有香氣的成分在內的。因此，使用香氣強烈的香水，或是不顧旁人地抽煙等，都會造成旁邊客人的困擾。

●壽司店裡的規矩其三
拿起來的盤子別再放回去

去迴轉壽司店用餐時，有些人會一次拿一大堆的壽司放在前面慢慢吃，等到吃不下了再放回去。這種做法，在非迴轉壽司店時，可能會被趕出門外，請多注意。

在迴轉壽司店裡，也請一道一道品嘗自己想吃的壽司。

●參考資料

『日本産 魚名大辞典』 日本魚類学会編／三省堂／1981

『地球環境シリーズ2 日本海の幸―エビとカニ―』 本尾 洋／あしがら印刷／1999

『旬の魚図鑑』 坂本一男／主婦の友社／2007

『すきやばし次郎 旬を握る』 里見真三／文藝春秋／2000

『食材魚貝大百科〈全4巻〉』 平凡社／1999

●協助拍攝

（獨立法人）水産總合研究中心開發調査中心

（社團法人）日本水産資源保護協會

滑川市商工水産課

●壽司協助拍攝

「あき」(瀬高明雄、瀬高伸光、中川庸平)
東京都中央区日本橋人形町2－1－9
※本書刊載的壽司魚材裡，有部分是請店家為本企劃而特別調理的。並非「あき」店中常備的壽司魚材。

●海鮮協助拍攝

「串打ち工房 焼串」(松村和弘)
東京都中野区上高田3－38－9

企畫　　　　　小島　卓（東京書籍）

構成、編輯　　石井一雄（エルフ）

採訪、撰文　　阿部一惠（阿部編集事務所）

攝影　　　　　白石愷親

書籍設計　　　松田敏博（エルフ）

　　　　　　　長谷川　理（Phontage Guide）

國家圖書館出版品預行編目資料

手指壽司／坂本一男監修 ； 張雲清翻譯. ——
初版. —— 臺北縣新店市 ； 人人，2009.06
面 ； 公分. —— （人人趣旅行 ； 30）
參考書目：面
含索引
ISBN 978-986-6435-10-2（平裝）

1. 食譜 2. 日本
427.131   98006905

【人人趣旅行30】

手指壽司

監修／坂本一男
翻譯／張雲清
審訂／黃之暘
發行人／周元白
出版者／人人出版股份有限公司
地址／231 新北市新店區寶橋路二三五巷六弄六號七樓
電話／（02）2918-3366（代表號）
傳真／（02）2914-0000
網址／http://www.jjp.com.tw
郵政劃撥帳號／16402311人人出版股份有限公司
製版印刷／長城製版印刷股份有限公司
電話／（02）2918-3366（代表號）
經銷商／聯合發行股份有限公司
電話／（02）2917-8022
初版一刷／2009年6月
初版十刷／2018年9月
定價／新台幣250元

SUSHI TECHO
By SAKAMOTO Kazuo
Copyright ©2008 SAKAMOTO Kazuo
All rights reserved
Originally published in Japan by TOKYO SHOSEKI CO.,LTD.,Tokyo
Chinese(in complex character only) translation right arranged with
TOKYO SHOSEKI CO.,LTD., Japan
Through THE SAKAI AGENCY
Chinese translation copyrights ©2009 by Jen Jen Publishing Co., Ltd.